KB209301

이 일력을

⋯⋯⋯⋯⋯⋯⋯⋯⋯⋯⋯ 에게 드립니다.

-sign-

signal N V

sign-(표시) + al(~의)
= 신호, 신호를 보내다

The traffic light **signals** when
it's safe to cross the street.

신호등은 길을 건너기 안전할 때
신호를 보내요.

signature N

sign-(표시) + ature(행위)
= 서명

Please put your **signature**
on this form.

이 양식에 서명을 해 주세요.

significant A

sign-(표시) + ific(~를 만드는)
+ ant(~한) = 의미 있는, 중대한

This discovery is **significant**
for medical research.

이 발견은 의학 연구에 중대한
의미가 있어요.

글 **김수민**

초중고 학생들을 대상으로 강의와 학부모 컨설팅을 풍부하게 진행한 20년 경력의 영어 교육 전문가. 이화여자대학교와 뉴욕주립대학교 FIT에서 학사, 숙명여자대학교에서 TESOL 석사 과정을 마쳤으며, 분당 지역에서 15년간 영어 학원을 운영했습니다. 이를 바탕으로 학생들의 영어 실력 향상을 위해 쉽고 재미있는 영어 학습 교재를 연구하고 집필하는 데 많은 노력을 기울이고 있습니다. 현재 영어 교육 유튜브 채널 '골라줄게 영어책'과 온라인 교육 사이트 '케어스쿨'에서 다양한 노하우와 경험을 나누고 품격 있는 교육 서비스를 선보이며 부모님들과 소통하고 있습니다.

유튜브   **youtube.com/@kimwonjang11**
인스타그램   **instagram.com/kimwonjang11**
블로그   **blog.naver.com/kimwonjang111**
케어스쿨   **kimwonjang.co.kr**

그림 **김민주**

하늘다람쥐 깜몽이와 귀여운 동물 캐릭터들이 나오는 인스타 툰, 이모티콘으로 대중에게 사랑받고 있습니다. 수많은 기업과 인기 캐릭터를 바탕으로 협업하였으며 지금도 일상에서 공감할 수 있는 다양한 이야깃거리를 귀여운 캐릭터로 풀어내며 대중과 소통하고 있습니다.

인스타그램 **instagram.com/pocco_gk**

-leg-, -lect-, -lig-

elegant (A)

elect (V)

intelligence (N)

---

e(밖에서) + -leg-(잘 고르다) + ant(~한) = 우아한

The princess wore an elegant dress to the ball.

공주는 무도회에 우아한 드레스를 입고 갔어요.

e(밖에서) + -lect(골라내다) = 선출하다

We will elect a new class president next week.

다음 주에 새 반장을 선출할 거예요.

intel(안에서) + -lig-(생각을 고르다) + ence(상태) = 지능

Dolphins are known to have high intelligence.

돌고래는 높은 지능이 있다고 알려져 있어요.

김 원장's 어원 365

펴낸날 초판 1쇄 2025년 2월 14일

글쓴이 김수민
그린이 김민주

펴낸이 이주애, 홍영완
편집장 최혜리
윌북주니어 한수정, 이은일, 김혜민
편집 김하영, 박효주, 강민우, 홍은비, 안형욱, 김혜원, 최서영, 이소연, 송현근
디자인 기조숙, 김주연, 윤소정, 박정원, 박소현
홍보마케팅 김태윤, 김준영, 백지혜, 김민준
콘텐츠 양혜영, 이태은, 조유진
해외기획 정미현, 정수림
경영지원 박소현

펴낸곳 (주)윌북 출판등록 제2006-000017호
주소 10881 경기도 파주시 광인사길 217
전화 031-955-3777 **팩스** 031-955-3778
홈페이지 willbookspub.com
블로그 blog.naver.com/willbooks
트위터 @onwillbooks 인스타그램 @willbooks_pub | @willbooks_jr

© 김수민, 김민주

ISBN 979-11-5581-793-3 (10590)

appoint ⓥ

disappoint ⓥ

punctual Ⓐ

ap(~에) + -point(가리키다) = 임명하다	dis(~않은) + -appoint(가리키다) = 실망시키다	punct-(콕 집어 가리키다) + ual(~의) = 시간을 잘 지키는
The company will appoint a new manager next month.	I don't want to disappoint my parents.	It's good to be punctual for school every day.
회사는 다음 달에 새 매니저를 임명할 거예요.	부모님을 실망시키고 싶지 않아요.	매일 학교에 시간을 잘 지켜 오는 것이 좋아요.

저자의 말

영어는 전 세계 사람들이 함께 쓰는 커다란 나무와 같아요.

이 나무의 뿌리인 어원을 통해 새로운 단어와 표현을 더 잘 이해하고 기억할 수 있답니다.

어원 학습에는 다음과 같은 세 가지 장점이 있어요.

첫째, 어원을 알면 단어를 오래 기억할 수 있어요.

둘째, 모르는 단어나 처음 보는 단어도 뜻을 짐작할 수 있어요.

셋째, 어원을 중심으로 많은 단어를 체계적이고 효율적으로 배울 수 있어요.

이 일력은 영어 단어 학습에 어려움을 겪거나, 체계적으로 정리하고 싶은

친구들을 위해 만들어졌어요. 어원과 재치 있는 그림으로 영어 단어를

재미있게 학습하며 오래 기억해 보지 않을래요?

지금부터 흥미진진한 영어 어원의 세계로 함께 떠나요.

-posit(e)-

positive Ⓐ

deposit Ⓥ

opposite Ⓐ

---

posit-(명확히 놓인) + ive(~한)
= 긍정적인, 확실한

It's important to maintain
a **positive** attitude.

긍정적인 태도를 유지하는 것이
중요해요.

---

de(아래에, 따로) + -posit(두다)
= 예금하다

I need to **deposit** some money
in my bank account.

은행 계좌에 돈을 예금해야 해요.

---

op(~에 맞서) + -posite(두다)
= 반대의

The **opposite** of hot is cold.

뜨거움의 반대는 차가움이에요.

어원

단어의 역사적 유래를 뜻해요.
어떤 단어가 어디에서 왔는지, 어떻게 바뀌었는지 설명해 줘요.
예를 들어볼게요.

predict
pre(앞에) + **dict**(말하다) = 앞서 말하다 → 예언하다

이처럼 어원을 알면 요소에 담긴 의미를 통해 단어의 뜻을 쉽게 알 수 있어요.

어근

단어의 핵심 뜻이 담긴 기본 요소예요. 다른 부분들(접두사나 접미사)이 붙어
새 단어를 만들 때, 바뀌지 않고 남는 부분이에요.

행동하다 act → action, active, react

접두사

단어의 앞에 붙어 뜻을 달라지게 해요.

접두사 re-(다시) → rewrite(다시 쓰다), rethink(다시 생각하다)

-pone-

postpone

post(후에) + -pone(두다)
= 미루다

We had to **postpone** the picnic
due to rain.

비 때문에 소풍을 미뤄야 했어요.

opponent

op(반대) + -pone-(두다) + ent(~는 사람)
= 상대

She respects her **opponents**
in the debate competition.

그녀는 토론 대회에서 상대를 존중해요.

용어 정리

접미사

단어의 뒤에 붙어 의미나 품사를 바꾸어 줘요.

접미사 -er(~하는 사람) → teacher(가르치는 사람), writer(쓰는 사람)

명사 Noun, N

이 세상에 있는 모든 것에는 이름이 있어요. 명사는 이 모든 것의 이름을 가리켜요.
사람, 동물, 사물 등의 이름이 명사예요.

cartoon	dolphine	friend	school	Korea	Mrs. Kim	baseball
만화	돌고래	친구	학교	대한민국	김씨	야구

형용사 Adjective, A

모양, 성질, 색깔, 크기 등을 나타내거나 느낌, 상태를 알려 줘요.
어떤 것의 성질이나 상태 등을 잘 알 수 있어요.

happy	smart	beautiful	tall	funny	kind	cold
행복한	똑똑한	아름다운	키 큰	재미있는	친절한	추운

-pose-, -posit-

compose

com(함께) + -pose(놓다)
= 구성하다, 작곡하다

Mozart composed many beautiful piano songs.

모차르트는 아름다운 피아노 곡을 많이 작곡했어요.

dispose

dis(멀리, 떨어져) + -pose(놓다)
= 처리하다

Please dispose of used gift wrapping paper properly.

사용한 선물 포장지를 제대로 처리해 주세요.

position

posit-(놓다) + ion(상태나 행위)
= 위치, 자세

The teacher asked us to change our seating positions.

선생님이 우리에게 자리 위치를 바꾸라고 하셨어요.

용어 정리

동사 Verb, V
우리말로는 '~하다, ~이다' 등을 뜻해요. 사람, 동물, 사물 등의 상태나 행동을 나타내 줘요.

run	jump	eat	sing	am/is	can	must
달리다	뛰다	먹다	노래하다	~이다	~수 있다	~해야 한다

부사 Adverb, AD
명사를 뺀 나머지 형용사, 동사 등의 다른 말을 꾸며 줘요. 시간, 장소, 방법, 정도 등을 나타낼 수 있어요.

slowly	carefully	happily	loudly	always	now	here
천천히	조심스럽게	행복하게	크게	항상	지금	여기서

전치사 Preposition, P
명사나 대명사 등의 앞에 놓이는 말이에요.
어디에 있는지, 어떤 상황에 있는지 등의 위치, 방향, 시간, 방식을 알려 줘요.

in → in the box   with → with my friend   at → at school

음원 다운

purpose

propose

impose

**pur(먼저) + -pose(놓아 두다)
= 목적**

The **purpose** of this meeting is to discuss our new project.

이 회의의 목적은 새 프로젝트를 논의하는 것이에요.

**pro(앞으로) + -pose(놓아 두다)
= 제안하다**

I'd like to **propose** a new idea for our team.

우리 팀을 위해 새로운 아이디어를 제안하고 싶어요.

**im(안으로) + -pose(놓아 두다)
= 부과하다**

The government will **impose** new taxes next year.

정부는 내년에 새로운 세금을 부과할 거예요.

JANUARY

-plic-, -ply-

duplicate v

du(두 번) + -plic-(접다)
+ ate(~하다) = 복사하다

**Please duplicate this document
for everyone in the meeting.**

회의에 참석한 모두를 위해
이 문서를 복사해 주세요.

reply v

re(다시) + -ply(접어 보내다)
= 답장하다

**Don't forget to reply
to the invitation email.**

초대 이메일에 답장하는 것을
잊지 마세요.

uni-

unicycle N

uniform N

unite V

uni-(하나의) + cycle(바퀴)
= 외발자전거

The clown rode a unicycle
in the circus performance.

광대는 서커스 공연에서
외발자전거를 탔어요.

uni-(하나의) + form(모양)
= 유니폼, 교복

Students must wear their school
uniform every day.

학생들은 매일
교복을 입어야 해요.

uni-(하나의) + te(동사 접미사)
= 연합하다

The two countries decided to unite
and form one nation.

두 나라는 연합하여 하나의 나라를
이루기로 했어요.

-ven(ir)-

convention

con(함께) + -ven-(나오다)
+ tion(명사 접미사) = 모임, 대회

Many people came to the comic book convention.

많은 사람이 만화책 컨벤션에 왔어요.

souvenir

sou(마음에서) + -venir(나오게 하다)
= 기념품

I bought a souvenir from the museum.

나는 박물관에서 기념품을 샀어요.

mono-

monologue

monotone

monorail

mono-(하나의) + logue(말) = 독백	mono-(하나의) + tone(소리) = 단조로운 소리, 단조로운	mono-(하나의) + rail(선로) = 모노레일
The actor performed a long monologue on stage.	The teacher spoke in a monotone voice.	We rode the monorail at the amusement park.
배우는 무대에서 긴 독백을 했어요.	선생님은 단조로운 목소리로 말씀하셨어요.	우리는 놀이공원에서 모노레일을 탔어요.

-phil(o)-

philharmonic

phil-(사랑) + harmonic(음악적 조화)
= 필하모닉(의)

**We attended a concert by
the New York Philharmonic Orchestra.**

우리는 뉴욕 필하모닉 오케스트라의
콘서트에 참석했어요.

philosophy N

philo-(사랑) + sophy(지혜)
= 철학

**She's studying ancient Greek
philosophy at university.**

그녀는 대학에서 고대 그리스 철학을
공부하고 있어요.

bi(n)-

bicycle N

bilingual A

binoculars N

bi-(둘의) + cycle(바퀴) = 두발자전거	bi-(둘의) + lingual(언어의) = 이중 언어를 쓰는	bin-(둘의) + ocular(눈의) = 쌍안경
I love riding my bicycle in the park.	**My friend is bilingual in Korean and English.**	**We used binoculars to watch birds.**
나는 공원에서 자전거 타는 것을 좋아해요.	내 친구는 한국어와 영어, 이중 언어를 쓸 수 있어요.	우리는 새를 관찰하기 위해 쌍안경을 사용했어요.

-peat-, -pet(e)-

repeat

re(다시) + -peat(구하다)
= 반복하다

Can you please repeat what you just said?

방금 말씀하신 것을 반복해 주시겠어요?

appetite

ap(~로) + -pet-(추구하다)
+ ite(상태) = 식욕, 욕구

After exercising, I always have a big appetite.

운동 후에는 항상 식욕이 왕성해져요.

compete

com(함께) + -pete(추구하다)
= 경쟁하다

Many athletes compete in the Olympic Games.

많은 선수가 올림픽 경기에서 경쟁해요.

tri-

tricycle

tri-(셋의) + cycle(바퀴)
= 세발자전거

The little girl rode her tricycle around the garden.

어린 소녀가 정원 주변을
세발자전거를 타고 돌았어요.

triangle

tri-(셋의) + angle(각)
= 삼각형

We learned how to draw a triangle in math class.

우리는 수학 시간에
삼각형 그리는 법을 배웠어요.

trilogy

tri-(셋의) + logy(이야기)
= 3부작

My favorite book series is a trilogy.

내가 가장 좋아하는 책 시리즈는
3부작이에요.

-pass-

passenger

surpass

passage

pass-(지나가다) + enger(사람) = 승객	sur(위로) + -pass(지나가다) = 능가하다	pass-(지나가다) + age(상태) = 통로, 구절
The bus driver asked the **passengers** to remain seated.	She worked hard to **surpass** her personal best record.	The narrow **passage** led to a beautiful garden.
버스 기사가 승객들에게 자리에 앉아 달라고 요청했어요.	그녀는 최고 기록을 능가하기 위해 열심히 노력했어요.	좁은 통로가 아름다운 정원으로 이어졌어요.

quart-

quarter N

quartet N

---

quart-(넷의) + er(명사 접미사) = 4분의 1

I ate a quarter of the pizza.

나는 피자의 4분의 1을 먹었어요.
(가끔씩 "to quarter the apple"처럼
4등분하다의 V 로도 쓰여요)

quart-(넷의) + et(작은 무리를 나타내는 접미사) = 4중주

We listened to a string quartet at the concert.

우리는 콘서트에서 현악 4중주를
들었어요.

-pair-, -par(e)-

repair

re(다시) + -pair(준비하다)
= 수리하다

We need to **repair**
the broken chair.

우리는 부서진 의자를
수리해야 해요.

separate ⓥ

se(떨어져) + -par-(갖추다)
+ ate(~하게 하다) = 분리하다

Please **separate** the recyclables
from the regular trash.

재활용품을 일반 쓰레기와
분리해 주세요.

prepare

pre(미리) + -pare(갖추다)
= 준비하다

It's important to **prepare**
well for the exam.

시험을 위해 잘 준비하는
것이 중요해요.

quad(ri)-

quadruple

quad-(넷의) + ruple(배)
= 4배가 되다, 4배로 늘리다

The teacher quadrupled
the size of the picture.

선생님은 그림의 크기를
4배로 늘렸어요.

quadrant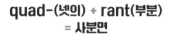

quad-(넷의) + rant(부분)
= 사분면

The treasure map divided
the island into four quadrants.

보물 지도는 섬을
사분면으로 나누었어요.

quadrilateral N

quadri-(넷의) + lateral(변의)
= 사각형

A rectangle is a type
of quadrilateral.

직사각형은 사각형의
한 종류예요.

December 17th

-us(e)-, -ut-

usage N

abuse V N

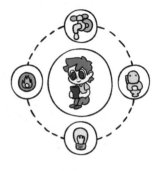

utility N

us-(사용하다) + age(상태) = 사용법	ab(~에서 벗어나) + -use(사용하다) = 남용하다, 악용하다, 남용, 악용	ut-(사용하다) + ility(성질) = 유용성, 효용
The book explains the correct **usage** of these words.	It's important not to **abuse** your power.	Smartphones have high **utility** in our daily lives.
이 책은 이 단어들의 올바른 사용법을 설명해요.	권력을 남용하지 않는 것이 중요해요.	스마트폰은 우리의 일상에서 높은 유용성이 있어요.

pent-

pentagon

pent-(다섯의) + agon(각)
= 오각형

We learned to draw a pentagon in geometry class.

우리는 기하 수업에서 오각형을
그리는 법을 배웠어요.

pentagram

pent-(다섯의) + a(쉽게 읽기 위해 추가) + gram(그림) = 오각별

The magician drew a pentagram with his magic trick.

마술사가 마술로 오각별을
그렸어요.

pentathlon

pent-(다섯의) + athlon(경기)
= 5종 경기

The athlete trained hard for the pentathlon competition.

선수는 5종 경기 대회를 위해
열심히 훈련했어요.

-sid(e)-

president

pre(앞에) + -sid-(앉다) +
ent(~하는 사람) = 대통령

**The president will give
a speech tomorrow.**

대통령이 내일 연설할 예정이에요.

sunside

sun(해) + -side(옆)
= 양지쪽

**Plants grow better on the
sunside of the house.**

식물들은 집의 양지쪽에서
더 잘 자라요.

hex-

hexagon (N)

hexagram (N)

hexapod (N)

---

hex-(여섯의) + agon(각) = 육각형

The toy blocks can be stacked to form a hexagon.

장난감 블록들을 쌓아 육각형을 만들 수 있어요.

---

hex-(여섯의) + a(쉽게 읽기 위해 추가) + gram(그림) = 육각별

The hexagram is a symbol in many cultures.

육각별은 많은 문화에서 상징으로 쓰여요.

---

hex-(여섯의) + a(쉽게 읽기 위해 추가) + pod(발) = 육각류, 곤충

Most insects are hexapods because they have six legs.

곤충은 대부분 다리가 6개 있는 육각류예요.

-bat(e)-

battle

combat

debate

---

bat-(치다) + tle(반복하는 행동)
= 전투

**The two armies engaged
in a fierce battle.**

두 군대가 치열한 전투를
벌였어요.

---

com(함께) + -bat(치다)
= 싸우다, 전투하다

**We need to combat
climate change.**

우리는 기후 변화와 싸워야 해요.

---

de(계속) + -bate(말로 치다)
= 토론하다

**The students will debate the pros
and cons of social media.**

학생들이 소셜 미디어의 장단점을
토론할 거예요.

hepta-, sept-

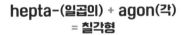

heptagon

hepta-(일곱의) + agon(각)
= 칠각형

**The children tried to draw a heptagon
in art class.**

아이들이 미술 시간에 칠각형을
그리려고 노력했어요.

September

sept-(일곱의) + ember(월)
= 9월

**The leaves start to change color
in September.**

9월에는 나뭇잎들이 색깔을 바꾸기 시작해요.
(로마력에서는 September가 7월)

-mod-

modest A

mod-(방식에 맞추다) + est(~한)
= 겸손한, 보통의

His **modest** attitude makes
everyone like him.

그의 겸손한 태도는 모두에게
사랑받게 해요.

accommodate V

ac(~에) + com(완전히) + -mod-
(맞추다) + ate(~게 하다) = 수용하다

The hotel can **accommodate**
up to 200 guests.

호텔은 최대 200명의 손님을
수용할 수 있어요.

remodel V

re(다시) + model(모형을
만들다) = 개조하다

We're planning to **remodel**
our kitchen next month.

다음 달에 우리 부엌을
개조할 계획이에요.

oct(o)-

octagon

oct-(여덟의) + agon(각)
= 팔각형

**The new playground has
an octagon-shaped sandbox.**

새 놀이터에 팔각형 모양의
모래 놀이터가 있어요.

octopus Ⓝ

octo-(여덟의) + pus(발)
= 문어

**We saw a colorful octopus
at the aquarium.**

우리는 수족관에서 알록달록한
문어를 봤어요.

October Ⓝ

octo-(여덟의) + ber(월)
= 10월

**Halloween is celebrated
at the end of October.**

핼러윈은 10월 말에 기념해요.
(로마력에서는 October가 8월)

-nov-

novel A N

innovate V

renovate V

**nov-(새로운) + el(~것)
= 새로운, 소설**

She came up with a novel idea
for the project.

그녀는 프로젝트를 위한 새로운
아이디어를 생각했어요.

**in(안으로) + -nov-(새로운)
+ ate(~게 하다) = 혁신하다**

Companies need to innovate
to stay competitive.

기업들은 경쟁력을 유지하기 위해
혁신해야 해요.

**re(다시) + -nov-(새로운)
+ ate(~게 하다) = 개조하다**

They plan to renovate their
old house next summer.

그들은 다음 여름에 오래된 집을
개조할 계획이에요.

nona-, novem-

nonagon

nona-(아홉의) + agon(각)
= 구각형

**The game board was shaped like
a nonagon.**

게임 보드가 구각형 모양이었어요.

November

novem-(아홉의) + ber(월)
= 11월

**People in the United States celebrate
Thanksgiving in November.**

미국에서는 사람들이 11월에 추수 감사절을 기념해요.
(로마력에서는 November가 9월)

-prise-

comprise Ⓥ

com(함께) + -prise(잡다)
= 구성하다

The team **comprises** players
from five different countries.

팀은 5개 다른 나라 출신의 선수들로
구성되어 있어요.

surprise ⓋⓃ

sur(위에서) + -prise(갑자기
잡다) = 놀라게 하다, 놀라움

They planned a **surprise** party
for her birthday.

그들은 그녀의 생일을 위해
깜짝 파티를 계획했어요.

imprison Ⓥ

im(안에) + -prison(감옥,
교도소) = 감금하다

Criminals are often **imprisoned**
for their crimes.

범죄자들은 종종 그들의
범죄로 감금돼요.

deca-, decim-, dime-

decade

decimal A N

Dime N

---

deca-(열의) + ade(과정의) = 10년

My grandparents have been married for five decades.

우리 조부모님은 50년 동안 결혼 생활을 했어요.

decim-(열의) + al(상태) = 십진법의, 소수

You can write 0.5 as a decimal.

0.5를 소수로 쓸 수 있어요.

dime(열의) = 10센트

I need two dimes to buy a sticker.

스티커를 사려면 10센트짜리 동전 2개가 필요해요.

-prehend-

comprehend v

com(완전히) + -prehend(잡다)
= 이해하다

It's important to **comprehend** the instructions before starting.

시작하기 전에 지시 사항을
이해하는 것이 중요해요.

apprehend v

ap(~에 대해) + -prehend(잡다)
= 체포하다, 이해하다

It's hard to **apprehend** the size of the universe.

우주의 크기를 이해하기는
어려워요.

cent(i)-

century (N)

centennial (N)

centimeter (N)

cent-(100의) + ury(명사 접미사) = 100년, 세기	cent-(100의) + ennial(~년의) = 100주년	centi-(100분의 1) + meter(미터) = 센티미터
Dinosaurs lived on Earth many centuries ago.	**Our school is planning a centennial celebration next year.**	**The caterpillar was only a few centimeters long.**
공룡들은 수 세기 전에 지구에 살았어요.	우리 학교는 내년에 100주년 기념행사를 할 예정이에요.	애벌레는 길이가 몇 센티미터밖에 되지 않았어요.

-cept-

accept

except

concept

ac(~에) + -cept(가져가다) = 받아 주다, 받아들이다	ex(밖으로) + -cept(가져가다) = 제외한, 제외하고는	con-(함께) + -cept(가져가다, 갖다) = 개념
Please accept my apology for being late.	Everyone except John went to the party.	This math concept is difficult to understand.
늦어서 죄송합니다. 제 사과를 받아 주세요.	존을 제외한 모든 사람이 파티에 갔어요.	이 수학 개념은 이해하기 어려워요.

mill(i)-

million

mill-(1000의) + ion(명사 접미사) = 백만(100만)

The famous painting sold for a million dollars.

유명한 그림은 100만 달러에 팔렸어요.

millimeter

milli-(1000분의 1) + meter(미터) = 밀리미터

The ant was only a few millimeters long.

개미는 길이가 몇 밀리미터밖에 되지 않았어요.

millionaire

million(100만) + aire(사람) = 백만장자

He became a millionaire by inventing a new app.

그는 새로운 앱을 발명해서 백만장자가 되었어요.

-ceive-

deceive Ⓥ

perceive Ⓥ

conceive Ⓥ

---

de(~로부터 멀리) + -ceive (생각을 데려가다) = 속이다

It's wrong to deceive your friends.

친구들을 속이는 것은 잘못된 일이에요.

---

per(완전히) + -ceive(생각을 받다) = 인지하다

Dogs can perceive sounds that humans can't hear.

개들은 사람이 듣지 못하는 소리를 인지할 수 있어요.

---

con(함께) + -ceive(생각을 받다) = 상상하다, 임신하다

It's hard to conceive how vast the universe is.

우주가 얼마나 어마어마한지 상상하기 어려워요.

multi-

multiply (V)

multi-(많은) +
ply(접다, 곱하다) = 곱하다

We learned how to multiply big numbers in math class.

우리는 수학 시간에 큰 숫자들을 곱하는 법을 배웠어요.

multilingual (A)

multi-(많은) + lingual(언어의)
= 다국어의

My cousin is multilingual and can speak four languages.

내 사촌은 다국어를 할 수 있어서 4개의 언어를 말할 수 있어요.

multimedia (N)

multi-(많은) + media(매체)
= 멀티미디어

We used multimedia to make our presentation more interesting.

우리는 발표를 더 재미있게 하기 위해 멀티미디어를 사용했어요.

-rate-

rate N V

underrate V

overrate V

---

rate(셈하다)
= 비율, 평가하다

What's the exchange **rate** for dollars to euros?

달러에서 유로로의 환율이
얼마인가요?

---

under(아래로) + -rate(평가하다)
= 과소평가하다

Don't **underrate** the importance of getting enough sleep.

충분한 수면의 중요성을
과소평가하지 마세요.

---

over(위로) + -rate(평가하다)
= 과대평가하다

Some people tend to **overrate** their own abilities.

어떤 사람들은 자신의 능력을
과대평가하는 경향이 있어요.

poly-

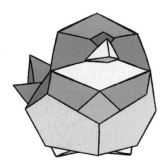

polygon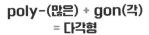

poly-(많은) + gon(각)
= 다각형

**A square and a triangle are
both types of polygons.**

정사각형과 삼각형은 모두
다각형의 종류예요.

polyethylene ⓝ

poly-(많은) + ethylene(에틸렌)
= 폴리에틸렌

**Many plastic bags are
made of polyethylene.**

많은 비닐봉지가 폴리에틸렌으로
만들어져요.

-polis-

police

metropolis

cosmopolitan

polis-(도시) + ce(명사 접미사) = 경찰	metro(중심이 되는) + -polis(도시) = 대도시, 주요 도시	cosmo(세계의) + -polis-(도시) + an = 국제적인
The **police** are responsible for maintaining law and order.	New York is a bustling **metropolis**.	Seoul is a **cosmopolitan** city with people from many different countries.
경찰은 법과 질서를 유지하는 책임이 있어요.	뉴욕은 붐비는 대도시예요.	서울은 여러 나라에서 온 사람들이 사는 국제적인 도시예요.

pan(to)-

panorama

pantheon N

pantomime N

---

pan-(모든) + orama(보이는 것) = 전경

We could see a beautiful panorama of the city.

우리는 도시의 아름다운 전경을 볼 수 있었어요.

---

pan-(모든) + theon(신) = 만신전

The ancient Greeks built a pantheon to honor all their gods.

고대 그리스인들은 모든 신을 기리기 위해 만신전을 지었어요.
(만신전 : 모든 신을 모신 곳)

---

panto(모든) + mime(흉내 내다) = 팬터마임

The actor told a whole story through pantomime.

배우는 팬터마임으로 전체 이야기를 들려주었어요.

-poli(s)-

| 보험 |
| 복지 |
| 의료 |
| 거주 |

policy

**poli-(정치, 운영) +
cy(~한 상태) = 정책**

Our school has a recycling
policy for the environment.

우리 학교는 환경을 위한
재활용 정책이 있어요.

politician

**poli-(정치) + tician(~하는 사람)
= 정치인**

A **politician** works to make
our city better.

정치인은 우리 도시를 더 좋게
만들기 위해 일해요.

politics

**polis-(정치, 운영) +
tics(~의 기술) = 정치**

Many young people are becoming
interested in **politics**.

많은 젊은이가 정치에 관심을 가지기
시작하고 있어요.

semi-

semicircle

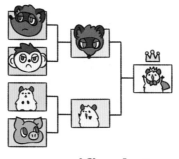

semifinal

semiconductor

semi-(반) + circle(원)
= 반원

We drew a semicircle to make a rainbow in our art project.

우리는 미술 프로젝트에서 무지개를 만들기 위해 반원을 그렸어요.

semi-(반) + final(마지막)
= 준결승

Our school team made it to the semifinal of the soccer tournament.

우리 학교 팀이 축구 대회 준결승에 진출했어요.

semi-(반) + conductor(도체)
= 반도체

Semiconductors are used in many electronic devices.

반도체는 많은 전자 기기에 사용돼요.

-dom-

domestic

dom-(집) + estic(~의)
= 가정의, 국내의

He helps with **domestic** chores
like cooking and cleaning.

그는 요리와 청소 같은 집안일을
돕고 있어요.

dominate

dom-(덮다) + inate(~하게 하
다) = 지배하다

The tall buildings **dominate**
the city skyline.

높은 건물들이 도시의 스카이라인을
지배하고 있어요.

domain

dom-(집) + ain(~의 상태)
= 영역, 분야

Science is his favorite **domain**
of study.

과학은 그가 가장 좋아하는
공부 분야이에요.

extra-

extracurricular

extra-(추가의) +
curricular(교과의) = 과외의

I joined the chess club as
an extracurricular activity.

나는 과외 활동으로 체스 클럽에
가입했어요.

extravagant Ⓐ

extra-(매우) + vagant(방탕한)
= 과도한, 사치스러운

The palace was decorated with
extravagant gold ornaments.

궁전은 사치스러운 금장식들로
꾸며져 있었어요.

extragalactic Ⓐ

extra-(밖의) + galactic(은하의)
= 은하계 밖의

Astronomers study
extragalactic objects.

천문학자들은 은하계 밖의
천체를 연구해요.

-medi-

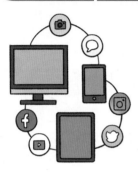

medium

immediate A

intermediate A

---

medi-(가운데) + um(~인 것) = 중간, 매체

Television is a popular **medium** for entertainment.

텔레비전은 인기 있는 오락 매체예요.

---

im(~이 없는) + -medi-(중간) + ate(~한) = 즉각적인

We need an **immediate** solution to this problem.

우리는 이 문제에 즉각적인 해결책이 필요해요.

---

inter(사이에) + -medi-(중간) + ate(~한) = 중급의

She is taking **intermediate** level English classes.

그녀는 중급 수준의 영어 수업을 듣고 있어요.

a-

abroad AD

aboard AD P

along P AD

---

a-(~에) + broad(넓은) = 외국에, 외국으로	a-(~에) + board(판자, 갑판) = 승선하여	a(~의 상태로) + long(길게) = ~을 따라, 앞으로, ~와 함께
My family went abroad for vacation.	**Please come aboard the ship.**	**We walked along the beach.**
우리 가족은 휴가로 외국에 갔어요.	배에 승선해 주세요. (승선 : 배를 탐)	우리는 해변을 따라 걸었어요.

-centr-

concentrate Ⓥ

con(함께) + -centr-(중심)
+ ate(~하게 하다) = 집중하다

It's important to **concentrate**
on your studies.

공부에 집중하는 것이
중요해요.

central Ⓐ

centr-(가운데) + al(~의)
= 중심의

The park is in a **central** location
in the city.

공원은 도시의 중심 위치에 있어요.

eccentric Ⓐ

ec-(~에서 떨어진) + -centr-
(중심) + -ic(~의) = 괴짜의

The professor is known for his
eccentric behavior.

그 교수는 괴짜 행동으로
알려져 있어요.

a-

alive A

among P

awake A V

a-(~의 상태로) + live(살다) = 살아 있는	a-(~에) + mong(섞다, 섞이다) = ~사이에	a-(~의 상태로) + wake(깨다) = 잠에서 깬, 깨어 있는, 깨다
The fish is still alive in the water.	I found my pencil among the books on the desk.	I was still awake when the clock struck midnight.
물고기가 물속에서 아직 살아 있어요.	책상 위의 책들 사이에서 내 연필을 찾았어요.	시계가 자정을 알릴 때 나는 아직 깨어 있었어요.

-tact-, -tag-, -tang-

contact Ⓥ

con(함께) + -tact(닿다)
= 연락하다

Please contact me if you have
any questions.

질문이 있으면 저에게
연락해 주세요.

contagious Ⓐ

con(함께) + -tag-(닿다)
+ ious(~한) = 전염되는

Laughter can be contagious
in a group.

웃음은 무리에서 전염될 수
있어요.

tangible Ⓐ

tang-(닿다) + ible(~할 수 있는)
= 실재하는, 만질 수 있는

We need tangible evidence
to prove our theory.

이론을 증명하려면 실재하는
증거가 필요해요.

non-

nonstop Ⓐ Ⓐ𝐃

nonsense Ⓝ

nonfiction Ⓝ

non-(아닌) + stop(멈춤) **= 쉬지 않는, 쉬지 않고**	**non-(아닌) + sense(의미)** **= 터무니없는 말**	**non-(아닌) + fiction(허구)** **= 논픽션**
The energetic puppy played **nonstop** for hours.	The clown told **nonsense** jokes that made everyone laugh.	I enjoy reading **nonfiction** books about animals.
활발한 강아지가 몇 시간 동안 쉬지 않고 놀았어요.	광대가 말도 안 되는 농담을 해서 모두를 웃겼어요.	나는 동물에 관한 논픽션 읽기를 좋아해요.

-stim-, -sting-

stimulate ⓥ

distinguish ⓥ

stim-(찌르다) + ulate(~게 하다)
= 자극하다

di(떼어서) + -sting-(찌르다)+ uish(~게 하다)
= 구별하다

Good teachers stimulate their students' curiosity.

좋은 선생님들은 학생들의
호기심을 자극해요.

It's important to distinguish between fact and opinion.

사실과 의견을 구별하는 것은
중요해요.

unkind

un-(아닌) + kind(친절한)
= 불친절한

**It's unkind to laugh
at someone's mistake.**

다른 사람의 실수를 비웃는 것은
불친절한 행동이에요.

unlimited

un-(아닌) + limited(제한된)
= 무제한의

**The amusement park offered
unlimited rides for one ticket.**

놀이공원은 티켓 한 장으로
무제한 탑승을 제공했어요.

unfair

un-(아닌) + fair(공평한)
= 불공평한

**It's unfair to blame only one
person for the team's loss.**

팀의 패배를 한 사람에게만
책임 지우는 것은 불공평해요.

un-

unfold ⓥ

unload ⓥ

untie ⓥ

**un-(반대의) + fold(접다)
= 펼치다, 전개되다**

**un-(반대의) + load(싣다)
= (짐을) 내리다**

**un-(반대의) + tie(묶다)
= 풀다**

Let's **unfold** the map to find
our way.

We need to **unload** the groceries
from the car.

Can you help me **untie**
my shoelaces?

길을 찾기 위해 지도를
펼쳐요.

차에서 장 본 물건들을
내려야 해요.

내 신발 끈을 풀어 줄 수
있나요?

-lax-, -lay-

relax ⓥ

delay ⓥ ⓝ

relay ⓥ ⓝ

---

re(다시) + -lax(느슨하게)
= 휴식을 취하다, 긴장을 풀다

After a long day at work, I like to
relax by reading a book.

힘든 일과 후에, 책을 읽으며 휴식을
하는 것을 좋아해요.

---

de(~로부터 떨어져서) + -lay(놓다)
= 지연시키다, 지연

The flight was delayed
due to bad weather.

나쁜 날씨 때문에 비행기가
지연되었어요.

---

re(뒤에) + -lay(놓다)
= 전달하다, 이어달리기

We practiced relay race for
our school sports day.

학교 운동회를 위해 이어달리기를
연습했어요.

in-

insight

in-(안에) + sight(보는 것)
= 통찰력, 이해

Reading books can give us
insight into different cultures.

책을 읽으면 다양한 문화에 대한
통찰력을 얻을 수 있어요.

indoor A

in-(안에) + door(문)
= 실내의

We play indoor games when it
rains outside.

밖에 비가 올 때
실내 게임을 해요.

install

in-(안에) + stall(자리를 잡다)
= 설치하다

Dad will install a new air
conditioner in our room.

아빠가 우리 방에 새 에어컨을
설치할 거예요.

-lease-, -loose-

release Ⓥ

loose Ⓐ

re(다시) + -lease(느슨한) **= 풀어 주다, 개봉하다**	**loose(느슨한)** **= 헐거운**
The new movie will be **released** next month.	My shoes feel a bit **loose** after wearing them all day.
새 영화가 다음 달에 개봉할 거예요.	하루 내내 신은 후 신발이 약간 헐거워진 것 같아요.

in-

income

infect

insect

**in-(안에) + come(오다)
= 수입, 소득**

My parents work hard to earn **income** for our family.

부모님은 우리 가족의 수입을 위해 열심히 일해요.

**in-(안에) + fect(병을 만들다)
= 감염시키다**

Washing your hands helps prevent germs from **infecting** you.

손을 씻으면 세균에 감염되는 것을 막는 데 도움이 돼요.

**in-(안에) + sect(자르다, 떼다)
= 곤충**

Butterflies are beautiful **insects** with colorful wings.

나비는 색깔이 화려한 날개가 있는 아름다운 곤충이에요.

-firm-

firm Ⓐ

firm(굳게 하다)
= 단단한, 확고한

**She made a firm decision
to study hard.**

그녀는 열심히 공부하기로
확고한 결심을 했어요.

confirm Ⓥ

con(함께) + -firm(확고한)
= 확인하다

**Can you confirm the time
of the meeting?**

회의 시간을 확인해 주실 수 있나요?

infirm Ⓐ

in(아닌) + -firm(단단한)
= 허약한

**The hospital provides special
care for infirm patients.**

병원은 허약한 환자들을 위해
특별한 치료를 제공해요.

in-

invisible Ⓐ

incorrect Ⓐ

inexpensive Ⓐ

**in-(아닌) + visible(보이는)
= 보이지 않는**

The magician made the rabbit
invisible during the magic show.

마술사는 마술 쇼에서
토끼를 보이지 않게 했어요.

**in-(아닌) + correct(맞는)
= 틀린**

The teacher marked the **incorrect**
answers in red pen.

선생님은 틀린 답에
빨간 펜으로 표시했어요.

**in-(아닌) + expensive(비싼)
= 값싼**

We found an **inexpensive**
restaurant for lunch.

우리는 점심을 먹을
값싼 식당을 찾았어요.

-trouble-, -turb-

troublesome Ⓐ

disturb Ⓥ

turbine Ⓝ

---

trouble-(혼란) + some(~한)
= 골치 아픈

The noisy neighbor is
troublesome for everyone.

시끄러운 이웃은 모든 사람에게
골치 아픈 존재예요.

---

dis(반대로) + -turb(돌다)
= 방해하다

Please don't **disturb** me
while I'm studying.

공부하는 동안 방해하지
말아 주세요.

---

turb-(돌다) + ine(~인)
= 터빈, 수차

The wind **turbine** generates
electricity from the strong winds.

풍력 터빈은 강한 바람에서
전기를 생산해요.

il-

(주로 l로 시작하는 단어 앞에 붙어요)

illegal Ⓐ

il-(아닌!) + legal(합법의)
= 불법의

It's **illegal** to cross the street
when the light is red.

빨간 불일 때 길을 건너는 것은
불법이에요.

illogical Ⓐ

il-(아닌!) + logical(논리적인)
= 비논리적인

The story had an **illogical** ending
that confused everyone.

이야기는 모두를 혼란스럽게 하는
비논리적인 결말이었어요.

illiterate Ⓐ

il-(아닌!) + literate(글을 읽고 쓰는)
= 문맹의, 글을 모르는

The volunteer taught **illiterate**
adults how to read and write.

자원봉사자가 글을 모르는 어른들에게
읽고 쓰는 법을 가르쳤어요.

-suit-, -sue-

suit ⓥ

suit(따르다)
= 어울리다

This hat **suits** you very well.

이 모자가 너에게 잘 어울려.

suite ⓝ

suit-(~에 어울리는 것) +
e(덧붙이는 글자) = 한 세트, 스위트룸

The hotel offers a luxurious
suite with an ocean view.

호텔은 바다 전망이 있는
고급 스위트룸을 제공해요.

pursue ⓥ

pur(앞으로) + -sue(쫓다)
= 추구하다

She decided to **pursue**
a career in medicine.

그녀는 의학 분야에서 경력을
추구하기로 결정했어요.

im-

(주로 m, p, b로 시작하는 단어 앞에 붙어요)

impossible Ⓐ

**im-(아닌) + possible(가능한)
= 불가능한**

Nothing is impossible
if you try your best.

최선을 다한다면
불가능한 것은 없어요.

impatient Ⓐ

**im-(아닌) + patient(참을성 있는)
= 참을성 없는**

The impatient child couldn't wait
to open his birthday presents.

참을성 없는 아이는 생일 선물을
빨리 열고 싶었어요.

immature Ⓐ

**im-(아닌) + mature(성숙한)
= 미성숙한**

The immature behavior of some
students disrupted the class.

몇몇 학생들의 미성숙한 행동이
수업을 방해했어요.

-guard-, -ward-

safeguard (v)

award (v)

reward (v)

safe(안전한) + -guard(지키다) = 보호하다, 안전을 지키다

It's important to safeguard your personal information online.

온라인에서 개인 정보를 보호하는 것이 중요해요.

a(~에) + -ward(주다) = 수여하다

The school will award prizes to the best students.

학교는 최고의 학생들에게 상을 수여할 거예요.

re(다시) + -ward(주다) = 보상하다

Hard work often brings its own reward.

열심히 일하면 그에 대한 보상이 따르곤 해요.

ir-

(주로 r로 시작하는 단어 앞에 붙어요)

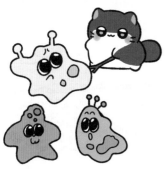

irregular

irresponsible Ⓐ

irrelevant Ⓐ

ir-(아닌) + regular(규칙적인) = 불규칙한	**ir-(아닌) + responsible(책임감 있는) = 무책임한**	**ir-(아닌) + relevant(관련 있는) = 관련이 없는**
The old clock made irregular ticking sounds.	It's irresponsible to leave trash on the playground.	This answer is irrelevant to the question.
오래된 시계가 불규칙한 째깍 소리를 냈어요.	놀이터에 쓰레기를 버리고 가는 것은 무책임한 행동이에요.	이 답은 질문과 관련이 없어요.

-tent-, -tin(ue)-

content

continent N

continue

---

con(완전히) + -tent(가지다) = 만족하는

I feel **content** when I finish my homework.

숙제를 다 마치면 만족감을 느껴요.

---

con(함께) + -tin-(잡다) + ent(~한 것) = 대륙

There are seven **continents** on Earth.

지구에는 7개의 대륙이 있어요.

---

con(함께) + -tinue(쭉 잡고 있다) = 계속하다

Let's **continue** our discussion after lunch.

점심 식사 후에 우리의 토론을 계속합시다.

ir-

(주로 r로 시작하는 단어 앞에 붙어요)

irrational Ⓐ

irreplaceable Ⓐ

irresistible Ⓐ

ir-(아닌) + rational(이성적인)
= 비이성적인, 비논리적인

It is irrational to sleep
with your shoes on.

신발을 신은 채로 자는 것은
비이성적인 일이에요.

ir-(아닌) + replaceable(대체할
수 있는) = 대체할 수 없는

My favorite teddy bear is
irreplaceable.

내가 가장 좋아하는 곰인형은
대체할 수 없어요.

ir-(아닌) + resistible(참을 수
있는) = 참을 수 없는

Mom's chocolate cake is
irresistible.

엄마가 만든 초콜릿 케이크는
참을 수 없이 맛있어요.

-tain-

obtain ⓥ

ob(향하여) + -tain(잡다)
= 얻다

You can **obtain** a library card
at the information desk.

정보 데스크에서 도서관 카드를
얻을 수 있어요.

maintain ⓥ

main(손) + -tain(가지다)
= 유지하다

It's important to **maintain**
a healthy lifestyle.

건강한 생활 방식을
유지하는 것이 중요해요.

sustain ⓥ

sus(아래에서) + -tain(유지하다)
= 떠받히다, 지탱하다

Trees help **sustain** clean air
in cities.

나무들은 도시의 깨끗한 공기를
유지하는 데 도움을 줘요.

FEBRUARY

2

-serve-

conserve (v)

preserve (v)

reserve (v)

**con(함께) + -serve(유지하다)
= 아끼다, 보호하다**

We should **conserve** water to protect the environment.

환경을 보호하기 위해 물을 아껴야 해요.

**pre(미리) + -serve(유지하다)
= 보존하다**

It's important to **preserve** historical buildings.

역사적인 건물들을 보존하는 것이 중요해요.

**re(나중을 위해 뒤에) + -serve
(간직하다) = 예약하다**

I need to **reserve** a table at the restaurant for dinner.

저녁 식사를 위해 레스토랑 테이블을 예약해야 해요.

counter-

counterclockwise A AD

counteract V

counterattack N

---

counter-(반대) + clockwise(시계 방향의) = 반시계 방향의, 반시계 방향으로

The merry-go-round spun counterclockwise.

회전목마가 반시계 방향으로 돌았어요.

---

counter-(반대) + act(행동하다) = 대항하다, 중화하다

The medicine helps to counteract the poison.

그 약은 독을 중화하는 데 도움을 줘요.

---

counter-(대항) + attack(공격) = 반격

The soccer team launched a counterattack after defending.

축구팀은 수비 후 반격을 시작했어요.

-serv-

server

servant

service

serv-(공급하다) + er(~하는 사람) = 서버	**serv-(시중들다) + ant(~하는 사람) = 하인, 공무원**	**serv-(도움이 되다) + ice(상태) = 서비스**
The **server** brought our food to the table.	The **servant** helped the family with daily chores.	The hotel offers excellent customer **service**.
서버가 우리 음식을 테이블로 가져다주었어요.	하인은 가족의 일상적인 집안일을 도왔어요.	호텔은 훌륭한 고객 서비스를 제공해요.

dis-

disagree

disappear

dislike

dis-(반대) + agree(동의하다) = 동의하지 않다, 다르다	dis-(반대) + appear(나타나다) = 사라지다	dis-(반대) + like(좋아하다) = 싫어하다
I disagree with my sister about movies.	The magician made the rabbit disappear during the magic show.	Many kids dislike eating vegetables.
나는 영화 취향이 언니(누나)와 달라요.	마술사는 마술 쇼에서 토끼를 사라지게 했어요.	많은 아이가 채소 먹는 것을 싫어해요.

-labor-

collaborate

col(함께) + -labor-(일) + ate(~하게 하다) = 협력하다

Let's collaborate to clean the classroom.

교실을 청소하기 위해 함께 협력해요.

elaborate

e(밖으로) + -labor-(고된 일) + ate(~하게 하다) = 정교한, 자세한

The teacher will elaborate to make it clear.

선생님이 자세히 설명해 주실 거예요.

laboratory

labor-(일) + atory(장소) = 실험실

Students conduct experiments in the science laboratory.

학생들은 과학 실험실에서 실험을 해요.

dis-

disadvantage  N

**dis-(반대) + advantage(이점)
= 단점, 불리한 점**

One **disadvantage** of living
in a big city is the noise.

큰 도시에 사는 것의 한 가지 단점은
소음이에요.

distribute  V

**dis-(흩어짐) + tribute(주다)
= 나누어 주다**

The teacher will **distribute**
the test papers now.

선생님이 지금 시험지를
나누어 줄 거예요.

disease  N

**dis-(반대) + ease(편안함)
= 질병**

Washing your hands can help
prevent the spread of **diseases**.

손 씻기는 질병의 확산을 막는 데
도움이 될 수 있어요.

-cult-

cultivate

cult-(가꾸다) + ivate(~하게 하다) = 재배하다

Farmers cultivate various crops in their fields.

농부들은 밭에서 다양한 작물을 재배해요.

culture N

cult-(가꾸다) + ure(상태) = 문화

Learning about different cultures is very interesting.

다양한 문화를 배우는 것은 매우 흥미로워요.

agriculture N

agri(밭, 농사) + -cult-(가꾸다) + ure(상태, 행위) = 농업

Agriculture is how we produce food.

농업은 우리가 음식을 생산하는 방법이에요.

co(l)-

coauthor (N)

cooperate (V)

collect (V)

---

co-(공동) + author(저자)
= 공동 저자

The two scientists were coauthors of the research paper.

두 과학자는 연구 논문의
공동 저자였어요.

co-(함께) + operate(일하다)
= 협력하다

We need to cooperate to finish this group project on time.

우리는 그룹 프로젝트를 제시간에
끝내기 위해 협력해야 해요.

col-(함께) + lect(모으다)
= 수집하다

I like to collect seashells when I go to the beach.

나는 해변에 갈 때 조개껍데기를
수집하는 것을 좋아해요.

-fic-

fiction

sufficient A

artificial A

---

fic-(만들어 내다) + tion(행위나 상태) = 소설, 허구

The author is famous for her science fiction novels.

그 작가는 과학 소설로 유명해요.

---

suf(아래에) + -fic-(많이 만들다) + ient(~한) = 충분한

Make sure you have sufficient water when exercising.

운동할 때 충분한 물을 준비하세요.

---

art(기술) + -fic-(만들다) + ial(~의) = 인공적인

The Christmas tree in our classroom is artificial.

우리 교실의 크리스마스 트리는 인공적으로 만들어진 거예요.

com-

company

com-(함께) + pany(빵, 돈을 나누다) = 회사, 일행, 함께 있음

I enjoy the company of my friends when we play together.

친구들과 같이 놀 때
함께 있어서 즐거워요.

combine

com-(함께) + bine(묶다)
= 결합하다

We can combine different fruits
to make a delicious smoothie.

우리는 다양한 과일을 결합해서
맛있는 스무디를 만들 수 있어요.

compact

com-(완전히) + pact(꽉 누르다)
= 꽉 찬, 조밀한

Buildings stand close in
our compact city.

조밀한 도시에는 건물들이
가깝게 서 있어요.

-fect-

effect

ef(밖으로) + -fect(만들어진 것)
= 영향, 효과

Eating healthy food has a good **effect** on our body.

건강한 음식을 먹는 것은 우리 몸에 좋은 효과가 있어요.

affect (V)

af(~에) + -fect(만들다)
= 영향을 미치다

Bad weather can **affect** our mood.

나쁜 날씨는 기분에 영향을 미칠 수 있어요.

defect (N)

de(부족한) + -fect(만들다)
= 결함

This toy has some small **defects**.

이 장난감에는 작은 결함이 있어요.

com-

compare ⓥ

com-(함께) + pare(나란히 놓다) = 비교하다

Let's compare these two toys' sizes.

장난감들의 크기를 비교해 봐요.

complicate ⓥ

com-(완전히) + plicate(접다) = 복잡하게 하다

Too many rules can complicate a simple game.

규칙이 너무 많으면 간단한 게임을 복잡하게 할 수 있어요.

-fac-

factory

manufacture (v)

factor (N)

fac-(만들다) + tory(장소) = 공장	manu(손) + -fac-(만들다) + ture(행위) = 제조하다	fac-(만들다) + tor(~하는 것) = 요인
The new factory will create jobs for local residents.	**My dad works at a company that manufactures cars.**	**Hard work is an important factor in success.**
새 공장이 지역 주민들을 위한 일자리를 만들 거예요.	아빠는 자동차를 만드는 회사에서 일해요.	열심히 일하는 것은 성공의 중요한 요인이에요.

sym-

symbol

**sym-(함께) + bol(의미를 던지다)
= 상징**

A dove is often used as
a symbol of peace.

비둘기는 종종 평화의 상징으로
사용돼요.

symmetry

**sym-(같은) + metry(측정하다)
= 대칭**

Butterflies have beautiful symmetry
in their wing patterns.

나비들은 날개 무늬에 아름다운
대칭이 있어요.

-cur(e)-, -curr-

curious A

cur-(신경 쓰다) + ious(~한) = 호기심 많은

Children are naturally **curious** about the world.

아이들은 세상에 대해 본래 호기심이 많아요.

cure V

cure(돌보다) = 치료하다

Scientists are working to find a **cure** for cancer.

과학자들은 암을 치료할 방법을 찾기 위해 노력하고 있어요.

current A N

curr-(시간, 물 등이 흐르다) + ent(~하는) = 현재의, 흐름

The **current** news is about Korea.

오늘의 뉴스는 한국 이야기예요.

syn-

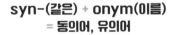

synonym

syn-(같은) + onym(이름)
= 동의어, 유의어

**Big and large are synonyms
in English.**

영어에서 big과 large는
유의어예요.

synchronize

syn-(함께) + chron(시간) + ize(동사 접미사)
= (동시에) 맞추다

**The swimmers must synchronize
their movements in synchronized swimming.**

수중 발레에서 수영 선수들은
동작을 맞춰야 해요.

-crease-, -cre-

increase (v)

decrease (v)

create (v)

---

in(안으로) + -crease(성장하다) = 증가하다

The population of our city continues to increase.

우리 도시의 인구가 계속 증가하고 있어요.

---

de(아래로) + -crease(성장하다) = 감소하다

We should decrease the amount of trash we produce.

우리가 만드는 쓰레기의 양을 줄여야 해요.

---

cre-(낳다) + ate(~게 하다) = 창조하다

Artists create beautiful paintings using their imagination.

예술가들은 상상력을 이용해 아름다운 그림을 창조해요.

auto-

autonomous Ⓐ

auto-(스스로) +
nomous(다스리는) = 자율의

Scientists are developing
autonomous vehicles.

과학자들은 자율 주행 차를
개발하고 있어요.

automobile Ⓝ

auto-(스스로) + mobile(움직이는)
= 자동차

My parents bought a new
automobile last month.

부모님은 지난달에 새 자동차를
사셨어요.

automatic Ⓐ

auto-(스스로) + matic(생각하는)
= 자동의

The automatic doors opened when
we approached the supermarket.

우리가 슈퍼마켓에 다가가자
자동문이 열렸어요.

-struct-, -stry-

construct

instruct ⓥ

industry ⓝ

---

con(함께) + -struct(쌓다)
= 건설하다

Workers are **constructing** a new bridge over the river.

노동자들이 강 위에 새 다리를
건설하고 있어요.

---

in(안으로) + -struct(쌓다)
= 가르치다

The teacher will **instruct** us on how to solve the problem.

선생님이 문제 해결 방법을
가르쳐 주실 거예요.

---

indu(안에) + -stry(만들다)
= 산업

The automobile **industry** is very important for the economy.

자동차 산업은 경제에
매우 중요해요.

pre-

prevent ⓥ

prehistoric Ⓐ

preregister ⓥ

**pre-(미리) + vent(오다)
= 예방하다, 막다**

Washing your hands can help
prevent the spread of germs.

손을 씻으면 세균의 확산을 막는 데
도움이 돼요.

**pre-(전의) + historic(역사의) =
선사 시대의**

We saw **prehistoric** animals
in the museum.

우리는 박물관에서 선사 시대
동물들을 봤어요.

**pre-(미리) + register(등록하다)
= 사전 등록 하다**

You should **preregister**
for the event online.

행사에 온라인으로
사전 등록 해야 해요.

-form-

form N V

inform V

perform V

**form(모양, 모습, 방법)
= 형태, 형성하다**

Water can **form** ice when it freezes.

물은 얼 때 얼음 형태를 만들어요.

**in(안으로) + -form(형성하다)
= 알리다, 알아내다**

Please **inform** me when you arrive at the station.

역에 도착하면 저에게 알려 주세요.

**per(완전히) + -form(형성하다)
= 행하다, 공연하다**

The students will **perform** a play for the school festival.

학생들이 학교 축제에서 연극을 공연할 거예요.

pro-

prospect N V

promote V

**pro-(앞으로) + spect(보다)
= 전망, 가능성, 탐색하다**

The prospect of winning
the game excited the team.

경기에서 이길 가능성이 팀을
흥분시켰어요.

**pro-(앞으로) + mote(움직이다)
= 홍보하다, 승진시키다**

The school will promote recycling
to help the environment.

학교는 환경을 돕기 위해
재활용을 홍보할 거예요.

-fus(e)-

fusion

fus-(녹다) + ion(상태)
= 융합, 결합

Our school cafeteria serves **fusion** food, like kimchi pasta.

우리 학교 식당은 김치 파스타 같은 퓨전 음식을 제공해요.

refuse

re(뒤로) + -fuse(쏟다)
= 거절하다

It's okay to **refuse** if you don't want to do something.

하기 싫은 일이라면 거절해도 괜찮아요.

confuse

con(함께) + -fuse(쏟다)
= 혼란스럽게 하다

The new rules **confused** many students.

새로운 규칙들이 많은 학생을 혼란스럽게 했어요.

pro-

project

pro-(실행을 위해 앞으로) + ject(던져진 것) = 계획, 프로젝트

Our class is working on a science **project** about plants.

우리 반은 식물에 관한 과학 **프로젝트**를 하고 있어요.

proverb

pro-(예전부터) + verb(전해져 오는 말) = 속담

"Actions speak louder than words" is a well-known **proverb**.

"행동이 말보다 더 크게 말한다"는 잘 알려진 **속담**이에요.

profile

pro-(앞으로) + file(드러난 모습, 줄) = 윤곽, 개요, 특징을 쓰다

I drew a **profile** of my friend's face in art class.

미술 시간에 친구의 옆모습을 그렸어요.

-part-

partial Ⓐ

part-(부분) + ial(~과 관련된)
= 부분적인

I only ate a **partial** amount
of my lunch today.

오늘 점심을 일부만 먹었어요.

depart Ⓥ

de(~로부터) + -part(나누어지다)
= 출발하다, 떠나다

The train will **depart** from
platform 3.

기차는 3번 플랫폼에서
출발할 거예요.

particular Ⓐ

part-(작은 부분) + icular(~과
관련된) = 특별한, 특정한

This book is of **particular** interest
to history students.

이 책은 역사를 공부하는 학생들에게
특별히 흥미로워요.

fore-

forefather  N

fore-(앞에) + father(아버지)
= 선조, 조상

Our forefathers lived in rooms
with ondol floors.

우리 선조들은 온돌방에서
생활했어요.

forehead N

fore-(앞에) + head(머리)
= 이마

She put her hand on her forehead
to check for a fever.

그녀는 열이 있는지 확인하기 위해
이마에 손을 얹었어요.

foretell V

fore-(미리) + tell(말하다)
= 예언하다

In fairy tales, wise old men
often foretell the future.

동화에서 현명한 노인들은 종종
미래를 예언해요.

-cide-, -cise-

decide (V)

precise (A)

concise (A)

**de(완전히) + -cide(자르다)
= 결정하다**

It's time to decide what to have for dinner.

저녁 식사로 무엇을 먹을지 결정할 시간이에요.

**pre(미리) + -cise(맞게 자르다)
= 정확한, 정밀한**

We need to be precise when measuring ingredients for baking.

빵을 만들 때 재료를 정확하게 측정해야 해요.

**con(완전히) + -cise(자르다)
= 간결한, 축약된**

Can you give me a concise summary of the story?

이야기를 간결하게 해 줄 수 있나요?

ante-, anti-

antenna

ante-(앞에) + enna(뻗다)
= 더듬이, 안테나

Insects use their antennae to sense their surroundings.

곤충들은 주변을 감지하기 위해 더듬이(안테나)를 사용해요.

anteroom

ante-(앞에) + room(방)
= 대기실

We waited in the anteroom before meeting the principal.

우리는 교장 선생님을 만나기 전에 대기실에서 기다렸어요.

antique

anti-(전에) + que(~한)
= 골동품, 고대의

My grandmother has an antique clock that's over 100 years old.

우리 할머니는 100년도 넘은 골동품 시계를 가지고 있어요.

-tail-

detail N

retail N

tailor N

---

de(완전히) + -tail(작게 자르다) = 세부 사항

Please pay attention to every **detail** in the instructions.

설명서의 모든 세부 사항에 주의를 기울이세요.

---

re(다시) + -tail(조각내다) = 소매

We bought school supplies from a **retail** store.

우리는 소매점에서 학용품을 샀어요.

---

tail-(자르다) + or(~하는 사람) = 재단사, 재봉사

The **tailor** made a beautiful suit for my father.

재단사가 아버지를 위해 멋진 정장을 만들었어요.

post-

postwar

**post-(후에) + war(전쟁)
= 전후의**

Many changes occurred
in the postwar period.

전후 시기에 많은 변화가
일어났어요.

postscript

**post-(끝에) + script(쓰다)
= 추신**

She added a postscript
at the end of her letter.

그녀는 편지 끝에 추신을
덧붙였어요.

postgraduate

**post-(후에) + graduate(대학을
졸업하다) = 대학원생**

My sister is a postgraduate
student studying biology.

내 언니는 생물학을 공부하는
대학원생이에요.

-term-

terminal N A

term-(끝) + inal(~와 관련된)
= 터미널, 말기의

We will meet at the bus terminal.

버스 터미널에서 만나기로 했어요.

terminate V

term-(끝) + ate(~하게 하다)
= 끝내다, 종료하다

The teacher will terminate the class when the bell rings.

선생님은 종이 울리면 수업을
끝내실 거예요.

determine V

de(완전히) + -term-(끝)
+ ine(~하게 하다) = 결정하다

We need to determine the date for our class picnic.

우리는 학급 소풍 날짜를
결정해야 해요.

retro Ⓐ

retrospect Ⓝ

retro(과거의, 뒤로) = 복고풍의

**My mom likes retro fashion
from the 1980s.**

엄마는 1980년대의 복고풍 패션을
좋아해요.

retro-(뒤로) + spect(보다) = 회상

**In retrospect, I should have studied
harder for the test.**

돌이켜 보면, 시험을 위해 더 열심히
공부했어야 했어요.

-fin(e)-

finish (V)

finance (N)

define (V)

---

fin-(끝) + ish(~하게 하다)
= 끝내다, 마치다

Remember to **finish** your homework before going to bed.

잠들기 전에 숙제를 끝내는 것을 잊지 마세요.

---

fin-(끝나다) + ance(상태)
= 재정

My parents teach me about **finance** by giving me a weekly allowance.

부모님은 저에게 주간 용돈을 주며 재정을 가르쳐 주세요.

---

de(완전히) + -fine(끝내다)
= 정의하다, 분명히 밝히다

Can you **define** the word 'happiness' for me?

'행복'이라는 단어를 저에게 정의해 주실 수 있나요?

ad-

address N V

admire V

adventure N

ad-(~에) + dress(향하다)
= 주소, 연설하다

Please write your address
on the envelope.

봉투에 주소를 적어
주세요.

ad-(~에) + mire(놀라다)
= 감탄하다

I admire my teacher's patience
and kindness.

선생님의 인내심과 친절함에
감탄해요.

ad-(~으로) + vent(오다, 다가오다)
+ ure(명사 접미사) = 모험

We had an exciting adventure
in the forest.

우리는 숲에서 흥미진진한
모험을 했어요.

-velop(e)-, -vest-

develop

de(~않은) + -velop(감싸다)
= 발전시키다

We need to **develop** new skills to succeed.

성공하려면 새로운 기술을 발전시켜야 해요.

envelope

en(안에) + -velope(감싸다)
= 봉투

Please put the letter in an **envelope** before mailing it.

편지를 보내기 전에 봉투에 넣어 주세요.

invest

in(안으로) + -vest(입히다)
= 투자하다

My parents **invest** time in helping me with my homework.

부모님은 내 숙제를 도와주는 데 시간을 투자해요.

ac-

accomplish Ⓥ

ac-(~에 대해) + complish(완성하다)
= 성취하다, 완수하다

With hard work, you can accomplish your goals.

열심히 노력하면 당신의 목표를
성취할 수 있어요.

account Ⓝ Ⓥ

ac-(~에 대해) + count(세다)
= 계좌, 여기다

**I opened an account at the bank
to save money.**

나는 돈을 모으기 위해 은행에
계좌를 열었어요.

-cover-

recover (v)

discover (v)

uncover (v)

re(다시) + -cover(덮이다) = 회복하다	dis(반대) + -cover(덮여 있는) = 발견하다	un-(아닌) + -cover(덮다) = 밝히다
I hope you recover from your cold soon.	Scientists discover new species every year.	The detective worked hard to uncover the truth.
감기에서 빨리 회복하기 바라요.	과학자들은 매년 새로운 종을 발견해요.	형사는 진실을 밝히기 위해 열심히 일했어요.

trans-

transport V N

translate V

transform V

trans-(가로질러) + port(나르다) = 운송하다, 운송, 교통수단	trans-(이쪽에서 저쪽으로) + late(언어를 옮기다) = 번역하다	trans-(~를 넘어) + form(형태) = 바꾸다, 바뀌다
The bus will transport us to the museum.	My friend can translate English songs into Korean.	Water can transform into ice when it's very cold.
버스가 우리를 박물관으로 운송할 거예요.	내 친구는 영어 노래를 한국어로 번역할 수 있어요.	물은 매우 추울 때 얼음으로 바뀔 수 있어요.

-cap-

capture

capital N A

captain

**cap-(잡다) + ture(행위)
= 잡다, 담다**

I want to **capture** this happy
moment in a photo.

이 행복한 순간을 사진에
담고 싶어요.

**cap-(머리) + ital(~와 관련한)
= 수도, 대문자의**

Seoul is the **capital** city
of South Korea.

서울은 한국의 수도예요.

**cap-(머리) + tain(~인 사람)
= 선장, 대장**

The **captain** of the ship
gave orders to the crew.

배의 선장이 선원들에게
명령을 내렸어요.

im-

immerse (v)

im-(안에) + merse(담그다)
= 몰두하다, 빠져들다

I like to immerse myself
in a good book on weekends.

주말에는 좋은 책에 몰두하는
것을 좋아해요.

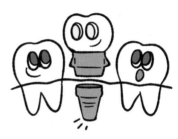

implant (v)

im-(안에) + plant(심다)
= 이식하다, 심다

The dentist had to implant
a new tooth.

치과 의사는 새 이를 이식해야 했어요.

-tens-

tension N

tens-(늘이다) + ion(상태)
= 긴장감

There was tension in the room during the debate.

토론하는 동안 방 안에 긴장감이 있었어요.

intensive A

in(안으로) + -tens-(늘이다) + ive(~한)
= 집중적인

I got better at English with intensive study.

집중 공부로 영어를 더 잘하게 됐어요.

em-

embed ⓥ

**em-(안에) + bed(침대)
= 박다, 끼워 넣다**

The scientist embedded a tiny chip in the animal.

과학자는 작은 칩을 동물 안에 심었어요.

embody ⓥ

**em-(안에) + body(몸)
= 구현하다**

The robot embodies the latest technology.

로봇은 최신 기술을 구현하고 있어요.

embrace ⓥ

**em-(안에) + brace(팔)
= 포옹하다**

The mother embraced her child.

엄마가 아이를 포옹했어요.

-tend-

pretend (v)

pre(앞에) + -tend(펼쳐 놓다)
= 가장하다

Children often **pretend** to be superheroes when playing.

아이들은 놀 때 종종 슈퍼히어로인 척 가장해요.

intend (v)

in(안으로) + -tend(끌어가다)
= 계획하다, 의도하다

I **intend** to study English every day during the vacation.

나는 방학 동안 매일 영어 공부를 할 계획이에요.

attend (v)

at(~에) + -tend(끌어가다)
= 참석하다, 주의를 기울이다

I will **attend** my friend's birthday party next week.

다음 주에 친구의 생일 파티에 참석할 거예요.

intra-

intranet N

intramural A

intrapersonal A

intra-(내부의) + net(망) = 인트라넷

Our school uses an intranet to share information.

우리 학교는 정보를 공유하기 위해 인트라넷을 사용해요.

intra-(내부의) + mural(벽의) = 교내의

I joined an intramural soccer team this year.

올해 나는 교내 축구팀에 가입했어요.

intra-(내부의) + personal(개인의) = 내적인

Keeping a diary is a good intrapersonal activity.

일기 쓰기는 좋은 내적 활동이에요.

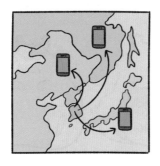

export (V) (N)

**ex-(밖으로) + port(나르다)
= 수출하다, 수출(품)**

Korea exports many smartphones
to other countries.

한국은 많은 스마트폰을 다른 나라로
수출해요.

expand (V)

**ex-(밖으로) + pand(넓게 펼치다)
= 확장하다**

The balloon expands when you
blow air into it.

풍선에 공기를 불어넣으면 확장돼요.

-tend-

tendency N

tend-(뻗어 나가다) + ency(상태)
= 경향

**He has a tendency to forget
people's names.**

그는 사람들의 이름을 잊어버리는
경향이 있어요.

extend V

ex(밖으로) + -tend(길게 뻗다)
= 연장하다, 확대하다

**The library decided to extend
its opening hours.**

도서관은 개방 시간을 연장하기로
결정했어요.

ex-

example

exhaust Ⓥ

exchange Ⓥ Ⓝ

ex-(밖으로) + ample(충분한) = 예시	**ex-(밖으로) + haust(끌어당기다) = 기운 빠지다 하다**	**ex-(밖으로) + change(꺼내어 바꾸다) = 교환하다, 교환**
Can you give me an example of a healthy snack?	Running a marathon can exhaust even strong athletes.	We can exchange our toys with our friends.
건강한 간식의 예시를 들어줄 수 있나요?	마라톤을 뛰면 강한 운동선수도 기운이 빠질 수 있어요.	우리는 친구들과 장난감을 교환할 수 있어요.

-lig-, -ly-

religion

rely

ally

---

re(다시) + -lig-(묶다)
+ ion(상태) = 종교

People of different **religions**
should respect each other.

다른 종교를 가진 사람들은
서로 존중해야 해요.

---

re(다시) + -ly(꽁꽁 묶다)
= 의지하다

You can **rely** on your friends
when you need help.

도움이 필요할 때 친구들에게
의지할 수 있어요.

---

al(~에, 향하여) + -ly(묶다)
= 지지하다, 협력하다

Our school is an **ally** of
the local community center.

우리 학교는 지역 커뮤니티 센터와
협력하고 있어요.

ex-

examine Ⓥ

excel Ⓥ

exotic Ⓐ

---

ex-(밖으로) + amine(움직이다)
= 자세히 살펴보다, 검사하다

The doctor will examine your throat to see if you're sick.

의사 선생님이 아픈지 확인하기 위해
목을 검사할 거예요.

---

ex-(밖으로) + cel(올라가다,
치솟다) = 뛰어나다, (훨씬) 잘하다

With practice, you can excel at playing the piano.

연습하면 피아노 연주를
잘할 수 있어요.

---

ex-(밖으로) + otic(나간 듯한)
= 이국적인

The zoo has many exotic animals from different countries.

동물원에는 다른 나라에서 온
이국적인 동물들이 많아요.

-strict-

restrict (V)

constrict (V)

district (N)

re(뒤로) + -strict(묶다) **= 제한하다**	**con(강하게) + -strict(묶다)** **= 조이다**	**dis(완전히) + -strict(긋다)** **= 지역, 구역**
The doctor told me to **restrict** my sugar intake.	The snake can **constrict** its body to squeeze through small spaces.	Our school is in the central **district** of the city.
의사는 설탕 섭취를 제한하라고 말했어요.	뱀은 작은 공간을 통과하기 위해 몸을 조일 수 있어요.	우리 학교는 도시의 중심 지역에 있어요.

out-

outdoor (A)

outgoing (A)

outnumber (V)

---

out-(밖으로) + door(문)
= 야외의

We enjoy outdoor activities
like hiking and camping.

우리는 하이킹과 캠핑 같은
야외 활동을 즐겨요.

out-(밖으로) + going(가는)
= 외향적인

My outgoing sister makes
friends easily.

외향적인 내 동생은 쉽게
친구를 사귀어요.

out-(초과하여) + number(숫자)
= 수를 넘다, 수가 더 많다

Girls outnumber boys
in our class.

우리 반은 여학생이 남학생보다
수가 더 많아요.

-stre-, -strain-

stretch ⓥ

strain ⓥ

restrain ⓥ

---

stre-(뻗다) + tch(접미사) = 스트레칭하다, 늘이다

Remember to stretch before exercising.

운동하기 전에 스트레칭하는 것을 잊지 마세요.

strain(팽팽하게 하다) = 긴장시키다

Don't strain your eyes by reading in dim light.

어두운 곳에서 책을 읽어 눈을 긴장시키지 마세요.

re(다시) + -strain(잡아끌다) = 억제하다, 억누르다

The zookeeper had to restrain the excited monkey.

동물원 관리인은 흥분한 원숭이를 진정시켜야 했어요.

inter-

international Ⓐ

inter-(사이의) +
national(국가의) = 국제적인

We celebrate International Children's Day every year.

우리는 매년 국제 어린이날을
기념해요.

interest Ⓝ Ⓥ

inter-(서로 간에) + est(있다)
= 흥미, 관심, 관심을 끌다

The magic show interested all the children.

마술 쇼는 모든 아이의
관심을 끌었어요.

interact Ⓥ

inter-(서로 간에) + act(행동하다)
= 상호 작용 하다

It's important to interact with your classmates.

반 친구들과 상호 작용 하는 것이
중요해요.

-long-, -ling-

prolong ⓥ

belong ⓥ

linger ⓥ

**pro(앞으로) + -long(긴)
= 연장하다**

We had to **prolong** our picnic
because it was so much fun.

너무 재미있어서 우리의 소풍을
연장해야 했어요.

**be(~하게 하다) + -long(긴, 소유)
= 소속되다**

This book **belongs** to
the school library.

이 책은 학교 도서관에
소속되어 있어요.

**ling-(긴) + er(오래 ~하다)
= 오래 남다, 머무르다**

The smell of cookies **lingered**
in the kitchen.

쿠키 냄새가 부엌에 오래 남아
있었어요.

inter-

interpret

inter-(사이에) + pret(말하다)
= 해석하다, 통역하다

**The tour guide will interpret
the signs for us.**

관광 가이드가 우리를 위해 표지판을
해석해 줄 거예요.

interval

inter-(사이에) + val(벽)
= 간격, 휴식 시간

**There's a short interval
between the two classes.**

두 수업 사이에 짧은
휴식 시간이 있어요.

interfere

inter-(사이에) + fere(치다)
= 방해하다, 간섭하다

**Please don't interfere when
I'm doing my homework.**

내가 숙제할 때 방해하지
말아 주세요.

-ting-, -stinct-

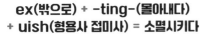

extinguish Ⓥ

ex(밖으로) + -ting-(몰아내다)
+ uish(형용사 접미사) = 소멸시키다

Firefighters worked hard to extinguish the flames.

소방관들은 불길을 소멸시키기 위해
열심히 일했어요.

instinct Ⓝ

in(안에) + -stinct(찌르다, 몰아내다)
= 본능

Animals have a natural instinct to protect themselves.

동물들은 자신을 보호하려는
자연적인 본능이 있어요.

circular Ⓐ

circu-(둥근) + ular(~모양의)
= 원형의

The merry-go-round moves
in a circular motion.

회전목마는 원형으로 움직여요.

circuit Ⓝ

circu-(도는, 돌아서) + it(가다)
= 회로

We learned about electric circuits
in science class.

과학 수업에서 전기 회로를 배웠어요.

-stick-

stick N V

sticky A

sticker N

**stick(고정하다) =
막대기, 고정하다**

**The dog likes to fetch the stick
when I throw it.**

개는 내가 막대기를 던지면
물어오는 것을 좋아해요.

**stick-(붙이다) + y(~한)
= 끈적거리는**

**My hands became sticky after
eating candy.**

사탕을 먹은 후 손이 끈적거렸어요.

**stick-(붙이다) + er(~는 것)
= 스티커**

**I put a cute sticker on my
notebook.**

노트북에 귀여운 스티커를 붙였어요.

MARCH

3

barrier N

bar-(막대기) + ier(~한 것)
= 장벽

Language can be a barrier
when traveling abroad.

언어는 해외여행 시 장벽이
될 수 있어요.

embarrass V

em(안에) + -bar-(장애물)
+ ass(두다) = 당황하게 하다

Don't embarrass your friend in
front of others.

다른 사람들 앞에서 친구를
당황하게 하지 마세요.

barrister N

bar-(장벽, 경계) +
ister(~하는 사람) = 법정 변호사

The barrister presented a strong
case in court.

법정 변호사는 법정에서 강력한
주장을 펼쳤어요.

peri-

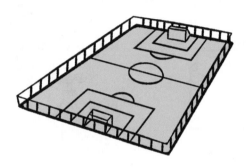

perimeter

period

---

peri-(주위의) + meter(측정)
= 둘레

We measured the perimeter
of the playground.

우리는 운동장의 둘레를
측정했어요.

peri-(주위의) + od(순환, 주기)
= 기간

The summer vacation period lasts
for two months.

여름 방학 기간은 두 달 동안
계속돼요.

-close-

close

close(닫다, 덮다, 잠그다)
= 닫다

**Please close the window
before you leave.**

나가기 전에 창문을 닫아 주세요.

enclose

en(안에) + -close(닫다)
= 동봉하다

**I will enclose a map with
the invitation.**

초대장에 지도를 동봉할 거예요.

disclose

dis(반대로) + -close(닫다)
= 공개하다

**The company will disclose its
financial report next week.**

회사는 다음 주에 재무 보고서를
공개할 거예요.

para-

parallel  A

parachute  N

paragraph  N

---

para-(옆의) + llel(선) **= 평행의**	**para-(옆으로) + chute(떨어지다)** **= 낙하산**	**para-(옆으로) + graph(쓰다)** **= 단락**
The two streets run parallel to each other.	Skydivers use parachutes to land safely.	Each paragraph in your essay should focus on one main idea.
두 거리가 서로 평행하게 뻗어 있어요.	스카이다이버들은 안전하게 착륙하기 위해 낙하산을 사용해요.	에세이의 각 단락은 하나의 주제문에 집중해야 해요.

-clude-

include

exclude

conclude

in(안에) + -clude(두고 닫다)
= 포함하다

The price includes breakfast and dinner.

가격에는 아침과 저녁 식사가
포함되어 있어요.

ex(밖으로) + -clude(두고 닫다)
= 제외하다

We should not exclude anyone from the game.

우리는 게임에서 누구도
제외해서는 안 돼요.

con(함께) + -clude(닫다)
= 결론 짓다

We will conclude the meeting with a summary.

회의를 요약으로 결론 짓겠어요.

ab-

abundant Ⓐ

ab-(~로부터) + und(물결치다) + ant(~것) = 풍부한, 많은

Korea is a country with abundant cultural heritage.

한국은 풍부한 문화유산이 있는 나라예요.

abolish Ⓥ

ab-(떨어져서) + olish(없애다) = 폐지하다

Many countries have decided to abolish plastic bags.

많은 나라가 비닐봉지를 폐지하기로 결정했어요.

absent Ⓐ

ab-(떨어져서) + sent(있는) = 결석한, 없는

I was absent from school yesterday because I was sick.

어제 아파서 학교에 결석했어요.

apply

supply

ap(~에) + -ply(놓다, 붙이다)	sup(아래에) + -ply(채우다)
= 적용하다	= 공급하다, 공급

You can apply this method to solve math problems.

이 방법을 수학 문제 해결에 적용할 수 있어요.

The store tries to supply fresh vegetables to its customers.

그 가게는 고객들에게 신선한 채소를 공급하려고 노력해요.

super-

supermarket

super-(초월한) + market(시장)
= 슈퍼마켓

**We buy fruits and vegetables
at the supermarket.**

우리는 슈퍼마켓에서
과일과 채소를 사요.

superpower

super-(초월한) + power(힘)
= 초능력

**In comics, heroes often
have superpowers like flying.**

만화에서 영웅들은 종종
날아다니는 것 같은 초능력이 있어요.

superior

super-(위의) + ior(더)
= 우수한, 상급의

**The superior quality of this pen
makes writing smoother.**

이 펜의 우수한 품질 덕분에
글씨를 더 부드럽게 쓸 수 있어요.

-ple(n)-

complete V

supplement N V

plenty N AD

com(완전히) + -ple-(채우다) + ate(동사 접미사) = 완성하다	sup(위로) + -ple-(영양분을 채우다) + ment(행위) = 보충제, 보충하다	plen-(채우다) + ty(상태) = 풍부함, 충분히
I need to complete my homework before dinner.	Many people take vitamin supplements to improve their health.	There's plenty of food for everyone at the party.
저녁 식사 전에 숙제를 완성해야 해요.	많은 사람이 건강 증진을 위해 비타민 보충제를 섭취해요.	파티에는 모든 사람을 위한 음식이 충분히 있어요.

sur-

surname   N

sur-(위에 있는) + name(이름)
= 성씨

**My surname is Kim, which is
very common in Korea.**

제 성씨는 김인데, 한국에서
매우 흔해요.

surface  N

sur-(위에 있는) + face(얼굴)
= 표면

**Water droplets formed on
the surface of the cold glass.**

차가운 유리잔 표면에 물방울이
맺혔어요.

surcharge  N V

sur-(~을 넘은) + charge(요금)
= 추가 요금, 추가 요금을 부과하다

**The hotel adds a surcharge
for extra guests.**

호텔은 추가 손님에 대해
추가 요금을 부과해요.

-cro-, -cru(c)-

crossroad N

cross(가로지르다) + road(길) = 교차로

We met at the **crossroad** near the school.

학교 근처 교차로에서 만났어요.

crucial A

cruc-(십자의, 결정적인) + ial(형용사 접미사) = 중요한

Getting enough sleep is **crucial** for good health.

충분한 수면은 건강에 중요해요.

cruise N V

cru-(선을 따라 움직이는) + ise(명사 접미사) = 유람선, 순항하다

We went on a **cruise** ship for our vacation.

우리는 휴가 때 크루즈를 탔어요.

over-

overeat Ⓥ

over-(너무 많이) + eat(먹다)
= 과식하다

It's easy to overeat when the food is delicious.

음식이 맛있으면 과식하기
쉬워요.

oversleep Ⓥ

over-(너무 많이) + sleep(자다)
= 늦잠 자다

I overslept and was late for school this morning.

오늘 아침에 늦잠 자서
학교에 늦었어요.

overweight Ⓐ

over-(너무 많이) + weight(무게)
= 비만의, 과체중의

Eating too much candy can make you overweight.

사탕을 너무 많이 먹으면
비만이 될 수 있어요.

-flect-, -flex-

reflect ⓥ

deflect ⓥ

flexible ⒜

---

re(반대로) + -flect(구부리다)
= 반사하다

The mirror **reflects** light into the room.

거울이 방 안으로 빛을 반사해요.

---

de(떨어져서) + -flect(구부리다)
= 방향을 바꾸다

The goalkeeper **deflected** the ball with his hands.

골키퍼는 손으로 공을 튕겨 냈어요.

---

flex-(구부리다) + ible(~할 수 있는) = 유연한

Yoga helps you become more **flexible**.

요가는 더 유연해지는 데 도움을 줘요.

hyper-

hyperactive A

hyperlink N

hyper-(초과) + active(활동적인)
= 활동 과잉의

The hyperactive child couldn't
sit still during class.

활동 과잉인 아이는 수업 중에 가만히
앉아 있지 못했어요.

hyper-(~을 넘어, ~의 범위를 넘어) + link(연결)
= 하이퍼링크

Click on the hyperlink to see
more information.

더 많은 정보를 보려면
하이퍼링크를 클릭하세요.

-rupt-

bankrupt

interrupt

bank(은행) + -rupt(깨지다) = 파산한

The company went **bankrupt**
due to financial problems.

회사가 재정 문제로 파산했어요.

inter(사이를) + -rupt(부수다)
= 방해하다

It's rude to **interrupt** someone
while they're speaking.

누군가 말하는 중에 방해하는 것은
무례해요.

ultra-

ultraviolet N

ultrasonic A

ultra-(극도의) + violet(보라색)
= 자외선

Sunscreen protects our skin
from ultraviolet rays.

자외선 차단 크림은 피부를
자외선에서 보호해요.

ultra-(극도의) + sonic(소리의)
= 초음파의

Bats use ultrasonic waves to
navigate in the dark.

박쥐는 어둠 속에서 길을 찾기 위해
초음파를 사용해요.

client

incline

decline

---

cli-(~에게 기대다) + ent(~는 사람) = 고객, 의뢰인

The lawyer met with her new **client** this morning.

변호사는 오늘 아침 새 고객을 만났어요.

---

in(~로) + -cline(기울다) = 기울이다

The road begins to **incline** as we approach the mountain.

산에 가까워질수록 도로가 기울기 시작해요.

---

de(아래로) + -cline(기울다) = 거절하다, 감소하다

I had to **decline** the invitation because I was busy.

바빠서 초대를 거절해야 했어요.

upper (A)

uptown (N)

update (V)

**up-(위로) + er(더 ~의)
= 더 위에 있는, 위쪽의**

The upper floor of
the library is quieter.

도서관의 위층은
더 조용해요.

**up-(위로) + town(도시)
= 주거 지역, 번화가**

We're going uptown to
visit the museum.

우리는 박물관에 가기 위해
번화가로 가고 있어요.

**up-(최신의) + date(날짜)
= 최신으로 바꾸다**

Don't forget to update
your phone's apps.

핸드폰 앱을 최신으로 바꾸는 걸
잊지 마세요.

elevate Ⓥ

e(~로부터) + -lev-(들어 올리다)
+ ate(~게 하다) = 높이다

The new project will **elevate** the
company's reputation.

새 프로젝트는 회사의 평판을
높일 거예요.

relevant Ⓐ

re(~에 대하여) + -lev-(옳게)
+ ant(~한) = 관련 있는

Make sure your answer is
relevant to the question.

답변이 질문과 관련 있는지
확인하세요.

relieve Ⓥ

re(다시) + -liev-(가볍게 하다)
+ e(덧붙이는 글자) = 완화하다

This medicine will **relieve**
your headache.

이 약은 두통을 완화시켜
줄 거예요.

down-

downstairs AD A

down-(아래로) + stairs(계단)
= 아래층으로, 아래층에서

I heard Mom calling me from downstairs for dinner.

엄마가 저녁 먹으라고 아래층에서 부르는 소리를 들었어요.

download V

down-(아래로) + load(싣다)
= 다운로드하다

You can download fun educational apps on your tablet.

태블릿에 재미있는 교육용 앱을 다운로드할 수 있어요.

downhill AD A

down-(아래로) + hill(언덕)
= 내리막 아래로, 내리막에서

Riding a bike downhill is fun, but be careful!

자전거를 내리막에서 타는 건 재미있지만, 조심해야 해요!

-cel-, -celer-

excellent Ⓐ

accelerate Ⓥ

decelerate Ⓥ

---

ex(밖으로) + -cel-(치솟는) + ent(~한) = 훌륭한

She received an **excellent** grade on her test.

그녀는 시험에서 훌륭한 성적을 받았어요.

ac(~로) + -celer-(속도) + ate(~하게 하다) = 가속하다

The car began to **accelerate** on the highway.

차가 고속도로에서 가속하기 시작했어요.

de(아래로) + -celer-(속도) + ate(~하게 하다) = 감속하다

The driver had to **decelerate** when approaching the curve.

운전자는 커브에 접근할 때 감속해야 했어요.

under-

underwater A

underweight A

underground A AD

under-(아래의) + water(물) = 수중의	under-(아래의) + weight(무게) = 저체중의	under-(아래의) + ground(땅) = 지하의, 지하에
Fish can breathe underwater using their gills. 물고기는 아가미를 사용해 수중에서 숨을 쉴 수 있어요.	Eating a balanced diet can help underweight kids grow healthy. 균형 잡힌 식단은 저체중 아이들이 건강하게 자라는 데 도움이 돼요.	The subway is an underground transportation system. 지하철은 지하 교통 시스템이에요.

-scal-

scale N

escalate V

scal-(살피다, 오르다, 단계) + e(덧붙이는 글자)
= 규모, 등급, 축척

**We learned how to read a map scale
in geography class.**

지리 수업에서 지도의 축척을
읽는 법을 배웠어요.

e(밖으로) + -scal-(오르다) + ate(~게 하다)
= 점점 커지다

**The argument began to escalate into
a shouting match.**

논쟁이 점점 고조되어 고성이
오가기 시작했어요.

hypo-

hypothermia (N)

hypo-(낮은) + thermia(열)
= 저체온증

Wear warm clothes in winter
to prevent hypothermia.

겨울에는 저체온증을 예방하기 위해
따뜻한 옷을 입으세요.

hypoallergenic (A)

hypo-(낮은) + allergenic(알레르기를 일으키는)
= 저자극성의

This hypoallergenic shampoo is
good for babies.

이 저자극성 샴푸는 아기들에게 좋아요.

-scend-

ascend

**a(~로) + -scend(오르다)
= 올라가다**

The airplane will ascend
to a higher altitude.

비행기는 더 높은 고도로
올라갈 거예요.

descend

**de(반대로) + -scend(오르다)
= 내려가다**

We will descend the mountain
before sunset.

우리는 해 지기 전에 산에서
내려갈 거예요.

transcend

**trans(넘어서) + -scend(오르다)
= 초월하다**

Love can transcend
all boundaries.

사랑은 모든 경계를
초월할 수 있어요.

infra-

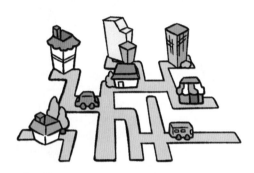

infrastructure N

infrared A

infra-(아래의, 밑의) + structure(구조)
= 기반 시설

Good roads are important parts of a city's infrastructure.

좋은 도로는 도시 기반 시설의
중요한 부분이에요.

infra-(아래의) + red(빨간색)
= 적외선의

Some animals can see infrared light that humans can't see.

어떤 동물들은 사람이 볼 수 없는
적외선을 볼 수 있어요.

career

car-(이동하다) + eer(~하는 사람) = 경력, 직업

My brother wants to have a career in medicine.

내 형은 의학 분야에서 **직업을** 갖고 싶어 해요.

charge

car-(운반하다) + ge(행위) = 청구하다, 책임을 지우다

The store will charge you for the damaged item.

가게는 망가진 물건에 비용을 **청구할** 거예요.

carrier

carr-(운반하다) + ier(~하는 것) = 운반 차량, 운반 도구

This backpack is a perfect carrier.

이 가방은 완벽한 운반 도구예요.

micro-

microscope

micro-(작은) +
scope(보는 도구) = 현미경

We use a microscope to see
tiny things in science class.

과학 수업에서 아주 작은 것들을
보기 위해 현미경을 사용해요.

microwave

micro-(작은) + wave(파동)
= 전자레인지

My mom uses the microwave
to heat up my lunch quickly.

엄마는 내 점심을 빨리 데우기 위해
전자레인지를 사용해요.

microchip

micro-(작은) + chip(조각)
= 마이크로칩

Computers use microchips
to store and process information.

컴퓨터는 정보를 저장하고 처리하기 위해
마이크로칩을 사용해요.

-press-

depress (v)

impress (v)

express (v)

de(아래로) + -press(누르다) = 낙담시키다	**im(안으로) + -press(새겨 누르다) = 감동시키다**	**ex(밖으로) + -press(누르다) = 표현하다**
Rainy weather can sometimes **depress** people's mood.	His speech **impressed** the audience.	It's important to **express** your feelings to others.
비 오는 날씨는 때때로 사람들의 기분을 낙담시켜요.	그의 연설은 청중을 감동시켰어요.	다른 사람에게 감정을 표현하는 것은 중요해요.

re-

recycle ⓥ

refill ⓥ

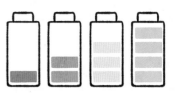

recharge ⓥ

re-(다시) + cycle(순환)
= 재활용하다

We recycle paper and plastic
to help protect the environment.

우리는 환경을 보호하기 위해 종이와
플라스틱을 재활용해요.

re-(다시) + fill(채우다)
= 다시 채우다

I refill my water bottle at school
to stay hydrated.

학교에서 물병을 다시 채워
수분을 유지해요.

re-(다시) + charge(충전하다)
= 재충전하다

Don't forget to recharge
your tablet before bedtime.

자기 전에 태블릿을 재충전하는 것을
잊지 마세요.

revolution (N)

re(다시) + -vol-(돌다)
+ ution(행위) = 혁명

The Industrial Revolution
changed the way we work.

산업 혁명은 우리가 일하는
방식을 바꿨어요.

volume (N)

vol-(말다) + ume(상태, 결과)
= 부피, 음량

Please turn down the volume
of the TV.

TV 음량을 좀 줄여 주세요.

evolve (V)

e(밖으로) + volve(돌면서 가다)
= 진화하다

Animals evolve to adapt
to their environment.

동물들은 환경에 적응하기 위해
진화해요.

re-

retrace (V)

refuge (N)

retreat (V)

**re-(뒤로) + trace(따라가다)
= 되돌아가다, 역추적하다**

We had to retrace our steps when we got lost in the forest.

숲에서 길을 잃었을 때, 우리는 왔던 길을 되돌아가야 했어요.

**re-(떨어져서) + fuge(도망가다)
= 피난처**

During a storm, animals find refuge in caves or under trees.

폭풍이 몰아칠 때, 동물들은 동굴이나 나무 아래에서 피난처를 찾아요.

**re-(뒤로) + treat(움직이다)
= 후퇴하다, 물러나다**

The smaller animals had to retreat to safety.

작은 동물들은 안전을 위해 물러나야 했어요.

-vert-

convert

extrovert N

introvert N

---

con(함께) + -vert(돌리다) = 전환하다

We can convert water into ice by freezing it.

물을 얼려서 얼음으로 전환할 수 있어요.

---

extro(밖으로) + -vert(향하다) = 외향적인 사람

An extrovert often enjoys meeting new people.

외향적인 사람은 종종 새로운 사람을 만나는 것을 즐겨요.

---

intro(안으로) + -vert(향하다) = 내향적인 사람

An introvert often enjoys spending time alone.

내향적인 사람은 종종 혼자 시간 보내는 것을 즐겨요.

de-

deliver (v)

defend (v)

decode (v)

de-(떼어서) + liver(자유롭게 하다) = 배달하다, 연설하다	de-(반대) + fend(때리다, 치다) = 방어하다	de-(없애다) + code(암호) = 해독하다
The pizza shop will deliver our pizza soon.	The brave knight defended the castle.	We tried to decode the fun secret message.
피자 가게가 곧 우리 피자를 배달할 거예요.	용감한 기사가 성을 방어했어요.	우리는 재미있는 비밀 메시지를 해독하려고 노력했어요.

versatile

diversity

universe

vers-(돌다) + atile(할 수 있는) = 다재다능한	di(~에서 떨어져) + -vers-(돌다) + ity(상태) = 다양성	uni(하나의) + -verse(돌다) = 우주
A smartphone is a very **versatile** device.	Our school promotes the **diversity** of its students and staff.	Scientists study the mysteries of the **universe**.
스마트폰은 매우 다재다능한 기기예요.	우리 학교는 학생들과 교직원들의 다양성을 장려해요.	과학자들은 우주의 신비를 연구해요.

de-

destroy

desire N V

de-(반대) + stroy(쌓아 올리다)
= 파괴하다

It's important not to destroy nature
when we camp.

캠핑할 때 자연을 파괴하지
않는 것이 중요해요.

de-(떨어지는, 아래의) + sire(별)
= 욕구, 원하다

Many children desire to have a pet.

많은 아이가 애완동물을
갖기를 원해요.

-vers(e)-

controversy (N)

converse (V)

reverse (V)

---

contro(반대로) + -vers-(돌리) + y(명사 접미사)= 논쟁

The new law caused much **controversy** among citizens.

새 법률은 시민들 사이에
많은 논쟁을 일으켰어요.

---

con(함께) + -verse(돌다) = 대화하다

It's important to **converse** with your friends.

친구들과 대화하는 것은 중요해요.

---

re(다시) + -verse(뒤바꾸다) = 거꾸로 하다, 뒤집다

The car can **reverse** into the parking space.

차는 주차 공간으로
후진할 수 있어요.

di-

divide  (v)

**di-(떨어져) + vide(갈라지다)
= 나누다**

We need to divide the cake equally.

우리는 케이크를 똑같이
나눠야 해요.

division (N)

**di-(떨어져) + vis(나누다)
+ ion(상태) = 부서, 분할**

He works in the service division.

그는 서비스 부서에서
일해요.

diffuse (v)

**di-(떨어져) + fuse(퍼트리다)
= 퍼지다, 발산하다**

The nice smell diffused in the room.

좋은 냄새가 방 안에
퍼졌어요.

-turn-, -tour-

return

detour

contour

re(다시) + -turn(돌다) = 돌아오다	**de(떨어져) + -tour(돌다) = 우회하다, 둘러 가는 길**	**con(함께) + -tour(돌다) = 윤곽**
We will return home after the movie.	We had to take a detour due to road construction.	The artist sketched the contours of the mountain.
영화 후에 집으로 돌아올 거예요.	도로 공사 때문에 우회해야 했어요.	화가는 산의 윤곽을 스케치했어요.

secret

**se-(따로) + cret(가려내다) =
비밀**

Can you keep a secret?

비밀을 지킬 수 있니?

security

**se-(따로) + cur(돌보다)
+ ity(상태) = 안전**

**The security guard keeps
the building safe.**

경비원이 건물을 안전하게
지켜요.

select

**se-(따로) + lect(선택하다)
= 골라내다**

I will select the best apple.

나는 가장 좋은 사과를
골라낼 거예요.

-tra-, -trait-

trait

tra-(끌어내다) + it(~것)
= 특성

**Kindness is a positive
personality trait.**

친절함은 긍정적인 성격
특성이에요.

portrait

por(앞에) + -trait(놓인 특징)
= 초상화

**The artist painted a beautiful
portrait of the queen.**

화가는 여왕의 아름다운 초상화를
그렸어요.

en-

enrich ⓥ

enlarge ⓥ

entitle ⓥ

**en-(~게 하다) + rich(부유한) =
풍부하게(풍요롭게) 하다**

Reading can enrich your words.

책 읽기는 당신의 어휘를
풍부하게 해요.

**en-(~게 하다) + large(크다)
= 크게 하다, 확대하다**

Can you enlarge this picture?

이 그림을 크게 할 수
있나요?

**en-(~있게 하다) + title(자격, 권리)
= 자격을 주다**

**Your ticket entitles you to
a free drink.**

당신의 티켓으로 공짜 음료를
받을 수 있어요.

-tract-

attract V

contract V N

abstract A

---

at(~으로) + -tract(끌다)
= 끌어당기다, 매혹하다

Magnets **attract** iron objects.

자석은 철로 된 물체를
끌어당겨요.

con(함께) + -tract(끌다)
= 계약하다, 계약

The company will **contract**
with new suppliers.

회사는 새로운 공급 업체와
계약할 거예요.

abs(떨어진 ~로부터) +
-tract(끌어낸 것) = 추상적인

The artist painted an **abstract**
picture of emotions.

화가는 감정을 추상적인 그림으로
그렸어요.

per-

permanent A

perish V

perfect A

per-(완전히) + man(머무르다) + ent(~한) = 영구적인

Is the color of this marker **permanent**?

이 매직펜의 색은
계속 남아 있나요?

per-(완전히) + ish(가는, ~한) = 죽다

Plants will **perish** without water.

물이 없으면 식물들은
죽어요.

per-(완전히) + fect(~하다) = 완벽한

Her singing was really **perfect**.

그녀의 노래는 정말
완벽했어요.

-cuse-

accuse

**ac(~로) + -cuse(이유)
= 고발하다, 비난하다**

It's not nice to accuse others
without proof.

증거 없이 다른 사람을 비난하는 것은
좋지 않아요.

excuse

**ex(밖으로) + -cuse(이유)
= 변명하다, 변명**

I forgot my homework is not
a good excuse.

숙제를 잊어버렸다는 것은 좋은
변명이 아니에요.

mis-

misunderstand

misspell

misbehave

mis-(잘못) + understand (이해하다) = 오해하다	**mis-(잘못) + spell(철자를 쓰다) = (철자를) 틀리게 쓰다**	**mis-(잘못) + behave(행동하다) = 버릇없이 굴다**
If you don't listen well, you may misunderstand.	I often misspell long words in my homework.	Kids who misbehave may have to stay after class.
잘 듣지 않으면 오해할 수 있어요.	숙제에서 긴 단어를 자주 틀리게 써요.	버릇없이 구는 아이들은 수업 후에 남을 수 있어요.

-cast-

forecast (V)

broadcast (V)

outcast (N)

fore(일어날 일을 미리) +
-cast(던지다) = 예측하다

broad(전파로 널리) +
-cast(던지다) = 방송하다

out(밖으로) + -cast(던지다)
= 추방된 사람, 외톨이

**The weather forecast says
it will rain tomorrow.**

일기 예보에 내일 비가
올 거래요.

**The radio station will broadcast
the concert live.**

라디오 방송국이 콘서트를
방송할 거예요.

**He felt like an outcast
at the new school.**

그는 새 학교에서 외톨이처럼
느꼈어요.

bio-

biography

biodiversity

biofuel

bio-(생명) + graphy(글, 쓰다) = 전기	bio-(생명) + diversity(다양성) = 생물 다양성	bio-(생명) + fuel(연료) = 바이오 연료(식물로 만든 연료)
I read a soccer player's **biography**.	The rainforest has rich **biodiversity**.	Some cars can use **biofuel** from plants.
축구 선수의 전기를 읽었어요.	열대 우림은 풍부한 생물 다양성을 가지고 있어요.	어떤 차들은 식물로 만든 연료를 쓸 수 있어요.

10

OCTOBER

eco-

ecology (N)

eco-(생태) + logy(학문)
= 생태학

Ecology teaches us how living organisms survive in nature.

생태학은 자연에서 생물들이
어떻게 살아가는지 가르쳐 줘요.

ecosystem (N)

eco-(생태) + system(체계)
= 생태계

A forest is an **ecosystem** where many plants and animals live.

숲은 많은 식물과 동물이 사는
생태계예요.

eco-friendly (A)

eco-(환경) + friendly(친화적인)
= 환경친화적인

Using **eco-friendly** products helps protect our planet.

환경친화 제품을 사용하면 지구를
보호하는 데 도움이 돼요.

-ject-

reject (V)

inject (V)

object (N)

re(뒤로) + -ject(던지다) = 거절하다	in(안으로) + -ject(던지다) = 주입하다	ob(향하여) + -ject(던지다) = 물체
It's not polite to reject a gift from a friend.	The doctor had to inject medicine into the patient's arm.	The scientist studied the strange object under a microscope.
친구의 선물을 거절하는 것은 예의 바르지 않아요.	의사는 환자의 팔에 약을 주입해야 했어요.	과학자는 이상한 물체를 현미경으로 연구했어요.

geo-

geography (N)

geo-(지구) + graphy(글, 쓰다)
= 지리학

Geography is about places
and the world.

지리학은 장소와 세상에 관한
학문이에요.

geology (N)

geo-(지구) + logy(학문)
= 지질학

Geology is the study of rocks
and Earth.

지질학은 암석과 지구를 공부하는
학문이에요.

geometry (N)

geo-(땅) + metry(측정, 측량)
= 기하학

My aunt is an expert
in **geometry**.

숙모는 기하학 전문가예요.

-hang-

hang

hanger (N)

overhang (V)

---

hang(매달다) = 걸다

Please hang your coat on the hook.

코트를 걸이에 걸어 주세요.

hang-(매달다) + er(~는 것) = 옷걸이

Can you pass me that hanger for my shirt?

내 셔츠를 걸 옷걸이 좀 건네주시겠어요?

over(위에) + -hang(매달다) = 돌출하다

The roof overhangs the porch to provide shade.

지붕이 현관 위로 돌출되어 그늘을 만들어요.

hydro-

hydropower

hydrogen

hydroelectricity

hydro-(물) + power(힘) = 수력	hydro-(물) + gen(만들다) = 수소	hydro-(물) + electricity(전기) = 수력 전기
Hydropower uses water to make energy. 수력은 물을 이용해 에너지를 만들어요.	In the future, cars will use **hydrogen** as fuel. 미래에는 자동차가 수소를 연료로 사용할 거예요.	**Hydroelectricity** is energy made from water. 수력 전기는 물로 만든 에너지예요.

-pend-

depend ⓥ

suspend ⓥ

independent Ⓐ

de(아래로) + -pend(매달리다) = 의존하다

We **depend** on the sun for light and heat.

우리는 빛과 열을 위해 태양에 의존해요.

sus(아래에) + -pend(잡아 놓다) = 중단하다, 연기하다

The school may **suspend** classes due to heavy snow.

학교는 폭설로 수업을 중단할 수 있어요.

in(아닌) + depend(의존하다) + ent(~하는) = 독립적인

It's important to become an **independent** learner.

독립적인 학습자가 되는 것이 중요해요.

photo-

photograph

**photo-(빛) + graph(그리다)
= 사진**

**I took a family photograph
on vacation.**

휴가 때 가족사진을 찍었어요.

photosynthesis

**photo-(빛) + synthesis(합성)
= 광합성**

**Plants use sunlight for
photosynthesis.**

식물은 광합성을 위해
햇빛을 받아요.

photocopy

**photo-(빛) + copy(복사)
= 복사하다**

**The teacher photocopied
our homework for us.**

선생님이 우리 숙제를
복사해 주셨어요.

-sess-

possess (v)

obsess (v)

assess (v)

pos(힘 있게) + -sess(앉히다) = 소유하다	ob(붙어서) + -sess(앉다) = 집착하다	as(~에) + -sess(앉다) = 평가하다
My friend possesses many interesting books.	**Don't obsess over small mistakes.**	**The teacher will assess our projects next week.**
내 친구는 많은 흥미로운 책들을 소유하고 있어요.	작은 실수들에 집착하지 마세요.	선생님은 다음 주에 우리의 프로젝트를 평가할 거예요.

therm-

thermal Ⓐ

therm-(열) + al(~의)
= 열의, 열과 관련된

Thermal energy comes
from heat.

열에너지는 열에서 나와요.

thermos Ⓝ

therm-(열) + os(용기)
= 보온병

I bring hot soup to school
in a **thermos**.

보온병에 뜨거운 수프를 담아
학교에 가져가요.

thermometer Ⓝ

therm-(열) + meter(측정기)
= 온도계, 체온계

We use a **thermometer** to check
if we have a fever.

체온계를 사용해 열이 있는지
확인해요.

-sit-

situate

visit

**sit-(앉다) + uate(~하게 하다)
= 위치시키다**

The new park is situated near
our school.

새로운 공원은 우리 학교 근처에
위치해 있어요.

**vis(보다, 보러) + -sit(가서 앉다)
= 방문하다**

We plan to visit my grandparents
this weekend.

이번 주말에 조부모님을 방문할
계획이에요.

cyber-

cybercrime

cyberbullying

cybersecurity

cyber-(컴퓨터) + crime(범죄) = 사이버 범죄

Cybercrime has become a major concern for businesses worldwide.

사이버 범죄는 전 세계 기업들의 주요 관심사가 되었어요.

cyber-(컴퓨터) + bullying(괴롭힘) = 사이버 괴롭힘

Schools are implementing programs to prevent cyberbullying.

학교들은 사이버 괴롭힘을 예방할 프로그램을 시행하고 있어요.

cyber-(컴퓨터) + security(보안) = 사이버 보안

Cybersecurity protects our data online.

사이버 보안은 데이터를 온라인에서 보호해요.

outstanding

out(밖에) + stand-(서다) + ing(형용사 접미사) = 뛰어난

She received an award for her **outstanding** performance.

그녀는 뛰어난 성과로 상을 받았어요.

standard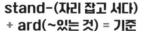

stand-(자리 잡고 서다) + ard(~있는 것) = 기준

The school has high **standards** for student behavior.

학교는 학생 행동에 높은 기준이 있어요.

circumstance

circum(주위에) + -stance(서 있는 것) = 상황

In difficult **circumstances**, it's important to stay positive.

어려운 상황에서도 긍정적인 태도를 유지하는 것이 중요해요.

tele-

television

tele-(멀리) + vision(보다)
= 텔레비전

**We watch the news on television
every evening.**

매일 저녁 우리는 텔레비전으로
뉴스를 봐요.

telescope

tele-(멀리) + scope(보는 도구)
= 망원경

**Astronomers use telescopes
to study stars and planets.**

천문학자들은 별과 행성을 연구하기 위해
망원경을 사용해요.

-sist-

consist ⓥ

resist ⓥ

assist ⓥ

---

con(함께) + -sist(서서 하나를 이루다) = 이루어지다, 구성되다

Our team **consists** of five members.

우리 팀은 5명의 멤버로 이루어져 있어요.

---

re(반대로) + -sist(서다) = 저항하다, 참다

It's hard to **resist** eating chocolate when I'm hungry.

배고플 때 초콜릿 먹는 것을 참기 어려워요.

---

as(곁에) + -sist(서다) = 돕다, 보조하다

It's kind to **assist** elderly people with their shopping bags.

노인 분들의 쇼핑백을 들어 드리는(도와 드리는) 것은 친절한 행동이에요.

APRIL

-stitute-

institute

in(안에) + -stitute(세우다)
= 기관

My sister studies at a music
institute.

내 언니는 음악 기관에서
공부해요.

constitution

con(함께) + -stitute-(세우다)
+ ion(상태) = 헌법

The constitution protects
the rights of citizens.

헌법은 시민들의 권리를
보호해요.

substitute

sub(아래에) + -stitute(세우다)
= 대체(대신)하다

The teacher asked me to substitute
for the class leader.

선생님이 나에게 반장을 대신해
달라고 부탁했어요.

writer N

consumer N

officer N

write(쓰다) + -er(하는 사람) = 작가	consume(소비하다) + -er(하는 사람) = 소비자	office(직무, 의무) + -er(하는 사람) = 경찰관, 공무원
The writer of this children's book has a great imagination.	Consumers often look for the best prices when shopping.	The police officer helped the lost child find his parents.
이 아동서의 작가는 멋진 상상력이 있어요.	소비자들은 쇼핑할 때 주로 가장 좋은 가격을 찾아요.	경찰관은 길 잃은 아이가 부모님을 찾도록 도와주었어요.

-sta(t)-

establish

statue N

estate N

---

e(밖으로) + -sta-(서다) + ish(~게 하다) = 설립하다	stat-(서다) + ue(~있는 것) = 조각상	e(밖에) + state(서 있는 것, 상태) = 부동산, 재산
The students want to establish a new club at school.	We saw a big statue in the park.	My grandfather left a large estate when he passed away.
학생들은 학교에 새로운 동아리를 설립하고 싶어 해요.	공원에서 큰 조각상을 봤어요.	할아버지께서 돌아가실 때 큰 재산을 남기셨어요.

actor

act(연기하다) +
-or(하는 사람) = 배우

The actor in the movie made us
laugh with his funny faces.

영화 속 배우는 재미있는 표정으로
우리를 웃게 했어요.

visitor

visit(방문하다) +
-or(하는 사람) = 방문객

Many visitors come to see
the beautiful flowers in our garden.

많은 방문객이 정원의
아름다운 꽃들을 보러 와요.

inventor

invent(발명하다) +
-or(하는 사람) = 발명가

Thomas Edison was a famous
inventor who created the light bulb.

토머스 에디슨은 전구를 만든
유명한 발명가였어요.

-st(a)-, -store-

rest

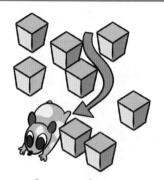

obstacle Ⓝ

restore Ⓥ

**re(뒤에) + -st(서다)
= 쉬다**

After a long walk, we need
to **rest** for a while.

긴 산책 후에는 잠시 쉬어야 해요.

**ob(앞에) + -sta-(서다)
+ cle(작은 것) = 장애물**

The runner jumped over the
obstacle in the race.

달리기 선수는 경주에서
장애물을 뛰어넘었어요.

**re(다시) + -store(세우다)
= 복원하다**

They will **restore** the old building
to its original state.

그들은 오래된 건물을 원래 상태로
복원할 거예요.

-ist

artist (N)

art(예술) + -ist(전문가)
= 예술가

The artist painted a beautiful picture of the sunset.

예술가는 아름다운 석양 그림을 그렸어요.

scientist (N)

science(과학) + -ist(전문가)
= 과학자

Scientists work hard to find cures for diseases.

과학자들은 질병의 치료법을 찾기 위해 열심히 일해요.

tourist (N)

tour(여행하다) + -ist(사람)
= 관광객

Many tourists visit the Eiffel Tower in Paris every year.

매년 많은 관광객이 파리의 에펠탑을 방문해요.

-kine-

cinema

kinetic A

kine-(움직이는 것) + ma(명사 접미사)
= 영화관

We went to the **cinema** to watch
a new movie.

새 영화를 보기 위해 영화관에 갔어요.

kine-(움직임) + tic(~과 관련한)
= 운동의

We learned about **kinetic** energy
in science class.

과학 수업에서 운동 에너지를 배웠어요.

-ian

musician

guardian

magician

---

music(음악) + -ian(전문가)
= 음악가

The musician played a beautiful
song on the piano.

음악가는 피아노로 아름다운
노래를 연주했어요.

---

guard(지키다) + -ian(사람)
= 수호자, 보호자

In many stories, a guardian protects
the main character.

많은 이야기에서 수호자가
주인공을 보호해요.

---

magic(마법) + -ian(사람)
= 마술사, 마법사

The magician pulled a rabbit
out of his empty hat.

마술사가 빈 모자에서
토끼를 꺼냈어요.

-mot(e)-

motive

emotion N

remote A

---

mot-(움직이다) + ive(하는 것)
= 동기

**My motive for studying is
to get good grades.**

좋은 성적을 받는 것이 공부하는
동기예요.

---

e(밖으로) + -mot-(움직이다)
+ ion(상태) = 감정

Happiness is a positive emotion.

행복은 긍정적인 감정이에요.

---

re(뒤에서) + -mote(움직이다)
= 먼, 외딴

**My uncle lives in a remote area
far from the city.**

우리 삼촌은 도시에서 멀리 떨어진
외딴 지역에 살아요.

April 5th

-ant

applicant

apply(지원하다) +
-ant(사람) = 지원자

Many applicants want to join our school's music club.

많은 지원자가 우리 학교 음악 동아리에 가입하고 싶어 해요.

attendant

attend(수행하다) + -ant(사람)
= 수행원, 안내원

The attendant helped us find our seats.

안내원이 우리 자리를 찾는 것을 도와줬어요.

accountant

account(계산하다) + -ant(사람)
= 회계사

My mom is an accountant who helps people with their money.

우리 엄마는 사람들의 돈 관리를 도와주는 회계사예요.

-mov(e)-, -mob-

movie

remove

mobile

mov-(움직이다) + ie(명사 접미사) = 영화	**re(떨어져) + -move(움직이다) = 제거하다, 벗다, 치우다**	**mob-(움직이다) + ile(~할 수 있는) = 이동식의, 움직이는**
We watched an exciting movie last night.	Please remove your shoes before entering the house.	My dad bought me a new mobile phone for my birthday.
어젯밤에 우리는 흥미진진한 영화를 봤어요.	집에 들어가기 전에 신발을 벗어 주세요.	아빠가 내 생일 선물로 새 휴대폰을 사 주셨어요.

-ent

resident N

reside(거주하다) + -ent(사람)
= 거주자, 주민

Our new neighbor is a resident
of this apartment building.

우리 새 이웃은 이 아파트 건물의
거주자예요.

student N

study(공부하다) + -ent(사람)
= 학생

Students in our class worked hard
on the science homework.

우리 반의 학생들이 과학 숙제를
열심히 했어요.

-mit-, -mis(e)-

emit

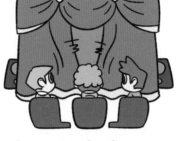

intermission

promise

---

e(밖으로) + -mit(보내다)
= 방출하다, 내보내다

The sun emits light and
heat energy.

태양은 빛과 열에너지를
내보내요.

---

inter(사이에) + -mis-(보내다)
+ ion(행위) = 휴식 시간, 막간

There will be a 15-minute intermission
between acts in the play.

연극의 막 사이에 15분간 휴식 시간이
있을 거예요.

---

pro(앞으로) + -mise(보내다)
= 약속하다, 약속

I promise to do my best in the
upcoming competition.

다가오는 대회에서 최선을
다하겠다고 약속해요.

American A N

Korean A N

European A N

**America(미국) +
-an(~의, 사람) = 미국의, 미국인**

My friend is an American student.

내 친구는 미국인 학생이에요.

**Korea(한국) + -an(~의, 사람)
= 한국의, 한국인**

I enjoy eating Korean food.

나는 한국 음식 먹는 것을 즐겨요.

**Europe(유럽) + -an(~의, 사람)
= 유럽의, 유럽인**

We visited many European
countries last summer.

우리는 지난여름에 많은
유럽 국가를 방문했어요.

-mit-

permit (v)

submit (v)

admit (v)

---

per(통과시켜) + -mit(보내다)
= 허가하다

The ID card **permits** employees to enter the office building.

ID 카드는 직원들이 사무실 건물에 들어가는 것을 허가해요.

sub(아래로) + -mit(보내다)
= 제출하다

We need to **submit** our homework by Friday.

금요일까지 숙제를 제출해야 해요.

ad(~쪽으로) + -mit(보내다)
= 허락하다, 인정하다

This amusement park **admits** children under 5 for free.

이 놀이공원은 5세 미만 어린이를 무료로 입장시켜요.

-ese

Chinese

Chin(중국) + -ese(국가, 언어) = 중국의, 중국어

I'm learning to speak Chinese.

나는 중국어를 말하는 것을
배우고 있어요.

Japanese

Japan(일본) + -ese(국가, 언어)
= 일본의, 일본어

**Sushi is a popular
Japanese food.**

스시는 인기 있는 일본 음식이에요.

Portuguese

Portugal(포르투갈) + -ese(국가,
언어) = 포르투갈의, 포르투갈어

**Brazil's official language
is Portuguese.**

브라질의 공식 언어는
포르투갈어예요.

September 15th ⋮ -fer-

suffer ⓥ

prefer ⓥ

differ ⓥ

suf(아래에서) + -fer(견디다, 겪다) = 고통받다	pre(여럿에서 먼저) + -fer(옮기다) = 선호하다	dif(떨어져서) + -fer(옮기다) = 다르다
Some people suffer from allergies in spring.	**I prefer reading books to watching TV.**	**People's opinions often differ on political issues.**
봄에 알레르기로 고통받는 사람들이 있어요.	TV 보는 것보다 책 읽는 것을 선호해요.	정치적 문제에 사람들의 의견은 종종 달라요.

-ee

trainee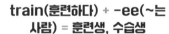

train(훈련하다) + -ee(~는 사람) = 훈련생, 수습생

The new **trainee** is learning how to operate the machinery.

새로운 훈련생이 기계 조작법을 배우고 있어요.

referee (N)

refer(언급하다) + -ee(~는 사람) = 심판

The **referee** blew the whistle to start the soccer game.

심판이 호루라기를 불어 축구 경기를 시작했어요.

employee (N)

employ(고용하다) + -ee(~되는 사람) = 종업원, 피고용인

The company has over 1000 **employees**.

회사는 1000명 이상의 직원을 고용하고 있어요.

fertile Ⓐ

refer Ⓥ

offer Ⓥ

fer-(열매를 맺다) + tile(~하는) **= 비옥한**	**re(생각을 원래대로) + -fer(옮기다)** **= 참조하다**	**of(~쪽으로) + -fer(옮기다)** **= 제공하다**
The valley has **fertile** soil for growing crops.	You can **refer** to the textbook for more information.	The store **offers** free ice cream on Sundays.
그 계곡은 작물을 기르기에 비옥한 토양이 있어요.	더 많은 정보를 위해 교과서를 참조할 수 있어요.	가게는 일요일마다 무료 아이스크림을 제공해요.

-eer

engineer

engine(기계) + -eer(전문가) = 기술자

My uncle is an engineer who designs bridges.

저의 삼촌은 다리를 설계하는 기술자예요.

volunteer

volunt(자원) + -eer(전문가) = 자원봉사자

Many volunteers help clean up the park on weekends.

주말에 많은 자원봉사자가 공원을 청소하는 것을 도와요.

mountaineer

mountain(산) + -eer(전문가) = 등산가

The brave mountaineer climbed to the top of Mount Everest.

용감한 등산가가 에베레스트산 정상까지 올랐어요.

-duce-

reduce (v)

re(뒤로 돌려) + -duce(이끌다) = 줄이다

We should reduce our use
of plastic bags.

우리는 비닐봉지 사용을 줄여야 해요.

introduce (v)

intro(~을 향해, 안쪽으로) + -duce(이끌다) = 소개하다

I will introduce my new friend
to the class.

새 친구를 반에 소개할 거예요.

-ator

elevator

calculator

elevate(올리다) + -ator(기계) **= 엘리베이터**	**calculate(계산하다) + -ator(기계)** **= 계산기**
We took the elevator to the 10th floor of the building.	**I use a calculator to check my math homework answers.**
우리는 엘리베이터를 타고 건물 10층으로 올라갔어요.	수학 숙제 답을 확인하기 위해 계산기를 사용해요.

-duct-

product N

pro(앞으로) + -duct(데려다 놓은 것) = 제품, 상품

We learned about a new **product** in science class.

과학 수업에서 새로운 제품을 배웠어요.

conduct V

con(함께) + -duct(데리고 가다) = (수행, 실시)하다

The teacher will **conduct** a quiz tomorrow.

선생님은 내일 퀴즈를 할 거예요.

abduct V

ab(떨어져) + -duct(데리고 가다) = 납치하다, 낚아채다, 끌어당기다

The eagle **abducts** fish from the water.

독수리가 물에서 물고기를 낚아채요.

-ness

happiness

kindness N

darkness N

---

happy(행복한) + -ness(상태) = 행복	kind(친절한) + -ness(상태) = 친절	dark(어두운) + -ness(상태) = 어둠
Spending time with friends brings me great happiness.	**My teacher always shows kindness to all students.**	**I use a night light to help me see in the darkness.**
친구들과 시간을 보내는 것이 나에게 큰 행복을 가져다줘요.	우리 선생님은 항상 모든 학생에게 친절을 베풀어요.	어둠 속에서 볼 수 있도록 야간 조명을 사용해요.

-port-

report Ⓥ

passport Ⓝ

portable Ⓐ

---

re(다시) + -port(글, 말로 나르다) = 보고하다, (신문, 방송에서) 보도하다

The reporter **reported** the exciting news on TV.

기자가 TV에서 흥미로운 소식을 보도했어요.

pass(지나가다) + -port(항구) = 여권

You need a **passport** to travel to other countries.

다른 나라로 여행하려면 여권이 필요해요.

port-(나르다) + able(~할 수 있는) = 휴대용의

I bought a **portable** charger.

나는 휴대용 충전기를 샀어요.

ability Ⓝ

unity Ⓝ

creativity Ⓝ

able(할 수 있는) + -ity(상태)
= 능력

**Practice helps improve
your ability to play the piano.**

연습은 피아노를 연주하는 능력을
향상시키는 데 도움이 돼요.

uni(하나의) + -ity(상태)
= 통일, 단결(력)

**Our class shows great unity
at the sports day.**

우리 반은 운동회에서 큰
단결력을 보여요.

creative(창의적인) + -ity(상태)
= 창의성

**Our art teacher encourages
creativity in all our projects.**

미술 선생님은 모든 프로젝트에서
우리의 창의성을 격려해요.

convenience

con-(함께) + -ven-(~를 위해 오다)
+ -ience(상태) = 편의

**The new subway line adds much
convenience for commuters.**

새로운 지하철 노선은 통근자들에게
많은 편의를 줘요.

invent

in-(안으로) + -vent(오다)
= 발명하다(새로운 생각이 안으로 오다)

**Scientists invent new things
to help people.**

과학자들은 사람들을 돕기 위해
새로운 것을 발명해요.

-hood

childhood N

child(아이) + -hood(상태)
= 어린 시절

I have many happy memories
from my childhood.

저는 어린 시절의 행복한
추억이 많아요.

neighborhood N

neighbor(이웃) + -hood(영역)
= 이웃, 동네

We planted flowers to make our
neighborhood more beautiful.

우리 동네를 더 아름답게 만들기 위해
꽃을 심었어요.

brotherhood N

brother(형제) + -hood(관계)
= 형제애

The story teaches us about
the importance of brotherhood.

그 이야기는 형제애의 중요성을
가르쳐 줘요.

-vio-, -vey-

previous Ⓐ

obvious Ⓐ

convey Ⓥ

---

pre(전의) + -vio-(나아가다) + ous(~한) = 이전의	ob(가까이) + -vio-(길) + ous(~한) = 분명한	con(함께) + -vey(나아가다) = 전달하다, 전하다
I read the **previous** chapter of the book yesterday.	The answer to the question was **obvious** to everyone.	Please **convey** my thanks to your parents.
어제 책의 이전 장을 읽었어요.	질문의 답은 모두에게 분명했어요.	부모님께 제 감사 인사를 전해 주세요.

-dom

kingdom N

freedom N

wisdom N

---

king(왕) + -dom(영역) = 왕국	free(자유로운) + -dom(상태) = 자유	wise(현명한) + -dom(상태) = 지혜
The prince saved the kingdom from an evil dragon.	We have the freedom to choose our own friends.	My grandmother always gives me advice full of wisdom.
왕자가 사악한 용에게서 왕국을 구했어요.	우리는 친구를 선택할 자유가 있어요.	할머니는 항상 지혜로운 조언을 해 주세요.

September 8th : -gress-, -gree-

congress N

con(함께) + -gress(걷다, 단계) = 의회

The student congress meets every month at school.

학생 의회는 매달 학교에서 모여요.

progress N V

pro(앞으로) + -gress(나아가다) = 진전, 진보하다

I can see your progress in English class.

너의 영어 수업에 진전이 보여.

degree N

de(나뉘다) + -gree(단계, 수준) = 학위, 정도

She earned her college degree after four years of study.

그녀는 4년간의 공부 끝에 대학 학위를 얻었어요.

-ship

friendship

leadership N

citizenship N

---

friend(친구) + -ship(관계)
= 우정

**True friendship means being
there for each other.**

진정한 우정은 서로를 위해
있어 주는 거예요.

---

leader(지도자) + -ship(자질)
= 리더십

**Our class president shows good
leadership by listening
to everyone's ideas.**

우리 반장은 모두의 의견을 들어서
좋은 리더십을 보여 줘요.

---

citizen(시민) + -ship(자격)
= 시민권

**Being a good citizen is part of our
citizenship responsibility.**

좋은 시민이 되는 것은 시민권에 따른
책임의 일부예요.

-ceed-, -ces(s)-

proceed (V)

**pro(앞으로) + -ceed(가다)
= 진행하다**

Let's **proceed** with our science project.

우리의 과학 프로젝트를
진행해 봐요.

ancestor (N)

**an(먼저) + -ces-(가다)
+ tor(사람) = 조상**

We can learn a lot from our **ancestors'** wisdom.

우리는 조상들의 지혜에서 많은 것을
배울 수 있어요.

necessity (N)

**ne(~않는) + -cess-(양보하다)
+ ity(~것) = 필요성, 필수 요소**

Water is a basic **necessity** for all living beings.

물은 모든 생명체에게 기본적인
필수 요소예요.

-acy

privacy N

priv(개인의) +
-acy(상태) = 개인 정보

It's important to respect others'
privacy and not share it.

다른 사람의 개인 정보를 존중하고
공유하지 않는 것이 중요해요.

accuracy N

accurate(정확한) +
-acy(상태) = 정확성

In math class, we learn the importance
of accuracy in our calculations.

수학 수업에서 계산의 정확성이
중요하다는 것을 배워요.

literacy N

liter(읽고 쓸 수 있는) +
-acy(능력, 상태) = 문해력

Reading books helps improve
our literacy skills.

책을 읽는 것은 문해력을
향상시키는 데 도움이 돼요.

-cess-

access N V

excess A N

ac(~에) + -cess(가다)
= 접근, 접근하다

ex(밖으로) + -cess(가다)
= 과한, 초과

Students need a password to
access the online library.

Eating **excess** candy can
cause toothaches.

학생들은 온라인 도서관에 접근하려면
비밀번호가 필요해요.

사탕을 과하게 먹으면 충치가
생길 수 있어요.

-tude

attitude ... N

multitude N

atti(행동) + -tude(성질)
= 태도

Having a positive attitude helps us face challenges better.

긍정적인 태도를 가지면 도전을 더 잘 대처하는 데 도움이 돼요.

multi(많은) + -tude(상태)
= 다수, 군중

A multitude of stars can be seen on a clear night.

맑은 밤에는 수많은 별을 볼 수 있어요.

September 5th

-ceed-, -cede-

succeed (v)

recede (v)

suc(~를 따라) + -ceed(가다)
= 성공하다

If you study hard, you will succeed in the exam.

열심히 공부하면 시험에서 성공할 거예요.

re(뒤로) + -cede(가다)
= 물러나다, 약해지다

The flood waters began to recede after the rain stopped.

비가 그친 후 홍수 물이 빠지기 시작했어요.

-ion

decision  N

de(완전히) + cis(자르는) + -ion(동작) = 결정

Making a decision can be hard sometimes.

결정을 내리는 것은 때때로 어려울 수 있어요.

explosion N

ex(밖에서) + plos(부딪치는 소리) + -ion(행위) = 폭발

The science experiment caused a small explosion in the lab.

과학 실험으로 실험실에서 작은 폭발이 일어났어요.

confusion  N

con(함께) + fus(마구 붓다) + -ion(상태) = 혼란

There was confusion about the new school rules.

새로운 학교 규칙에 혼란이 있었어요.

exit

orbit N V

transit N

ex(밖으로) + -it(가다) **= 출구**	**orb(동그랗게) + -it(가다)** **= 궤도, 공전하다**	**trans(가로질러) + -it(가다)** **= 통과, 운송**
Remember to use the exit in emergencies.	Planets orbit around the sun in space.	The goods are in transit to their final destination.
비상시에는 출구를 사용하는 것을 기억하세요.	우주에서 행성들은 태양 주위를 공전해요.	물건들이 최종 목적지로 가는 중이에요.

-ion

union

opinion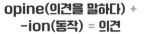

expression

uni(하나의) + -ion(상태) = 연합	**opine(의견을 말하다) + -ion(동작) = 의견**	**express(표현하다) + ion(상태) = 표현**
The union of different countries made them stronger.	Everyone has their own opinion about the book.	Art is a form of expression.
다른 나라들의 연합은 그들을 더 강하게 했어요.	모두가 그 책에 자신만의 의견이 있어요.	예술은 표현의 한 형태예요.

local Ⓐ Ⓝ

location Ⓝ

allocate Ⓥ

loc-(장소) + al(~와 관련된) = 지역의, 현지의, 주민	loc-(장소) + ation(상태) = 위치	al(~에) + -loc-(장소) + ate(~하다) = 할당하다
We often buy vegetables from the local market.	The location of the meeting has changed.	The teacher will allocate time for reading.
우리는 자주 지역 시장에서 채소를 사요.	회의 위치가 바뀌었어요.	선생님은 독서 시간을 할당할 거예요.

-ation

information

inform(알리다) +
-ation(상태) = 정보

**The teacher gave us information
about the field trip.**

선생님은 우리에게 현장 학습에 대한
정보를 주셨어요.

imagination

imagine(상상하다) +
-ation(동작) = 상상(력)

**Reading books can spark your
imagination.**

책 읽기는 여러분의 상상력을
불러일으킬 수 있어요.

recreation

re(다시) + create(만들다) + -ation
(동작) = 재창조, 재현, 오락

**The museum's recreation of
ancient life was very realistic.**

박물관의 고대 생활 재현은
매우 사실적이었어요.

-custom-

customer

customize (V)

accustom (V)

custom-(습관적으로, 반복적으로)
+ er(~하는 사람) = 고객

custom-(자신의 것)
+ ize(~으로 하다) = 맞춤하다

ac(~에) + -custom(습관)
= 익숙해지다

The customer bought a new book
at the store.

You can customize your character
in the game.

It takes time to accustom yourself
to a new environment.

고객은 서점에서 새 책을 샀어요.

게임에서 캐릭터를
맞춤할 수 있어요.

새로운 환경에 익숙해지는 데는
시간이 걸려요.

April
22nd

-ation

organization

organize(조직하다) +
-ation(~하게 하다) = 조직

**Good organization helps
us finish work faster.**

좋은 조직은 우리가 일을 더 빨리
끝내도록 도와줘요.

civilization N

civilize(문명화하다) +
-ation(~화하다) = 문명

**Ancient civilizations built
amazing structures.**

고대 문명은 놀라운 건축물을 지었어요.

realization

realize(깨닫다) +
-ation(~하게 하다) = 깨달음

**The realization that I can do it
gave me courage.**

할 수 있다는 깨달음이 나에게
용기를 주었어요.

-ordin-

ordinary Ⓐ

extraordinary Ⓐ

disorder Ⓝ

---

ordin-(순서대로) + ary(~와 관련한) = 평범한, 보통의, 일상적인

It was just an ordinary day at school.

그날은 학교에서 평범한 하루였어요.

---

extra(이외의) + ordinary(평범한) = 비범한, 특별한

The magician performed some extraordinary tricks.

마술사는 몇 가지 특별한 마술을 선보였어요.

---

dis(~가 아닌) + order(순서대로) = 무질서

The teacher tried to control the disorder in class.

선생님은 교실의 무질서를 통제하려고 노력했어요.

-ion, -ation

function

funct(기능하다) + -ion(행위, 상태) = 기능, 작용

Each part of the computer has a different function.

컴퓨터의 각 부분에는 서로 다른 기능이 있어요.

education

educate(교육하다) + -ion(행위, 상태) = 교육

Good education is important for children.

좋은 교육은 아이들에게 중요해요.

observation

ob(~에 대하여) + serv(살피다) + -ation(행위) = 관찰

Scientists make careful observations during their experiments.

과학자들은 실험 중에 주의 깊은 관찰을 해요.

SEPTEMBER

9

-ure

sculpture (N)

pleasure (N)

architecture (N)

sculpt(조각하다) + -ure(결과) = 조각품	pleas(기쁘게 하다) + -ure(결과) = 즐거움	architect(건축가) + -ure(결과) = 건축(물)
The museum has many beautiful sculptures on display.	Reading books gives me great pleasure.	The old city has very interesting architecture.
박물관에는 많은 아름다운 조각품들이 전시되어 있어요.	책 읽기는 나에게 큰 즐거움을 줘요.	오래된 도시는 매우 흥미로운 건축물이 있어요.

-grad(e)-

graduate Ⓥ

grad-(단계) + uate(~되다)
= 졸업하다

My sister will graduate from
elementary school soon.

내 언니는 곧 초등학교를
졸업할 거예요.

gradual Ⓐ

grad-(단계) + -ual(~의 성질을
가진) = 점진적인

Learning a language is often a
gradual process.

언어를 배우는 것은 보통 점진적인
과정이에요.

upgrade Ⓥ

up(위로) + -grade(단계)
= 업그레이드하다, 향상시키다

Our school plans to upgrade the
computer lab.

우리 학교는 컴퓨터실을 업그레이드할
계획이에요.

failure

fail(실패하다) + -ure(결과)
= 실패

Failure is just a chance to learn
and try again.

실패는 그저 배우고 다시
시도할 기회일 뿐이에요.

nature

nat(태어나다) + -ure(상태)
= 자연

It's fun to explore nature
in the park.

공원에서 자연을 탐험하는 것은
재미있어요.

future

fut(다가올 날) + -ure(결과)
= 미래

In the future, cars might fly.

미래에는 자동차가 날지도 몰라요.

-reg(ul)-, -rect-

region N

regular A

direct V A

---

reg-(다스리다) + -ion(장소) = 지역	regul(규칙, 다스리다) + ar(~와 관련된) = 규칙적인, 정기적인	di-(완전히) + -rect(바르게, 곧게) = 지도하다, 직접적인, 직행의
Korea is in the East Asian region.	**We have regular English classes every Monday and Wednesday.**	**The teacher will direct the school play this year.**
한국은 동아시아 지역에 있어요.	우리는 매주 월요일과 수요일에 정기적인 영어 수업이 있어요.	선생님이 올해 학교 연극을 지도할 거예요.

-al

arrival (N)

trial (N)

approval (N)

arrive(도착하다) + -al(행위) = 도착	try(시도하다) + -al(행위) = 실험, 시도, 재판	approve(승인하다) + -al(행위) = 승인
The arrival of spring brings warmer weather.	The trial shows if this method works.	We need our teacher's approval for the class trip.
봄이 오면 따뜻한 날씨가 찾아와요.	이 실험을 통해 이 방법이 잘되는지 알 수 있어요.	현장 학습을 위해 선생님의 승인이 필요해요.

-just-, -jud-

justice

just-(공정한) + ice(상태)
= 정의

The superhero fought for justice
in the city.

슈퍼히어로는 도시의 정의를
위해 싸웠어요.

adjust

ad(~쪽으로) + -just(올바른)
= 조정하다

I need to adjust my watch;
it's slow.

시계가 느려서 시간을
조정해야 해요.

prejudice

pre(미리) + -jud-(판단하다)
+ ice(상태) = 편견

We should not judge others based
on prejudice.

우리는 편견을 바탕으로 다른 사람을
판단해서는 안 돼요.

-ment

agreement

agree(동의하다) +
-ment(상태) = 동의

We reached an agreement
to share the toys.

우리는 장난감을 공유하기로
동의했어요.

environment N

environ(둘러싸다) +
-ment(상태) = 환경

We should take care of
our environment.

우리는 우리의 환경을 돌봐야 해요.

government N

govern(다스리다) +
-ment(상태) = 정부

The government makes laws
for the country.

정부는 나라를 위한 법을 만들어요.

August 28th

-gratul-, -grat(e)-

congratulate Ⓥ

gratitude Ⓝ

ungrateful Ⓐ

---

con(함께) + -gratul-(감사) + ate(동사 접미사) = 축하하다

Let's congratulate the winners of the science fair.

과학전람회 우승자들을 축하해 줍시다.

---

grat-(고마워하는) + itude(상태) = 감사

We should show gratitude to our parents for their love.

우리는 부모님의 사랑에 감사해야 해요.

---

un(~않는) + -grate-(고마워하는) + ful(~의 특성) = 배은망덕한

It's ungrateful to forget the kindness of others who helped you.

도와준 사람들의 친절을 잊는 것은 배은망덕한 일이에요.

-age

package  N

pack(포장하다) +
-age(상태) = 꾸러미

I received a package
in the mail today.

오늘 우편으로 꾸러미를 받았어요.

storage N

store(저장하다) + -age(상태)
= 저장

We need more storage
space for our books.

우리 책을 위한 저장 공간이
더 필요해요.

marriage N

marry(결혼하다) + -age(상태)
= 결혼

My parents celebrated their 20th
marriage anniversary last week.

지난주에 부모님이 결혼 20주년을
기념했어요.

-preci-

precious

preci-(귀중한) + ous(~의 특성)
= 귀중한

**This ring that my grandmother gave me
is precious to me.**

할머니가 주신 이 반지는 나에게 귀중해요.

appreciate

ap(~쪽으로) + -preci-(가치 있는)
+ ate(~게 하다) = 감사하다, 고마워하다

**I really appreciate your help
with my homework.**

숙제를 도와줘서 정말 고마워요.

-ance

April 29th

importance

important(중요한) +
-ance(상태, 성질) = 중요성

**The importance of friendship
cannot be overstated.**

우정의 중요성은 아무리 강조해도
지나치지 않아요.

distance

distant(먼) +
-ance(상태, 성질) = 거리

**The distance between our
houses is not far.**

우리 집 사이의 거리는 멀지 않아요.

appearance

appear(나타나다) +
-ance(상태, 성질)= 외모

**A person's appearance
is not everything.**

사람의 외모가 전부는 아니에요.

-norm-

normal (A)

norm-(기준, 표준) + al(~의 특성) = 정상적인

It's normal to feel nervous before a big test.

큰 시험 전에 긴장하는 것은 정상적인 일이에요.

abnormal (A)

ab(~아닌) + -norm-(기준, 표준) + al(~의 특성) = 비정상적인

The doctor checks for any abnormal growth during the checkup.

의사는 검진에서 비정상적인 성장이 있는지 확인해요.

enormous (A)

e(밖의) + -norm-(기준, 표준) + ous(~의 특성) = 거대한

The blue whale is an enormous animal, bigger than any dinosaur.

대왕고래는 어떤 공룡보다도 거대한 동물이에요.

-ence

difference

science

confidence

differ(다르다) +
-ence(상태, 성질) = 차이

There is a big difference
between cats and dogs.

고양이와 개 사이에는
큰 차이가 있어요.

sci(알다) + -ence(상태, 성질)
= 과학

We learn about plants
in science class.

우리는 과학 수업에서
식물을 배워요.

confide(신뢰하다) +
-ence(상태, 성질) = 자신감

Practice can help build
your confidence.

연습은 자신감을 키우는 데
도움이 될 수 있어요.

-ior-

senior

junior

---

sen(늙은) + -ior(비교적)
= 연장자, 선배, 고위의

The company offers special
discounts for senior citizens.

회사는 노인들에게 특별 할인을
제공해요.

jun(젊은) + -ior(비교적)
= 연소자, 후배, 하급의

As a junior member of the team,
I still have a lot to learn.

팀의 후배로서, 나는 아직
배울 게 많아요.

-equ-

equal A

**equ-(같은) + al(~의 특성)
= 동등한, 평등한**

In a fair game, all players have
an equal chance to win.

공정한 게임에서는 모든 선수가 이길
동등한 기회가 있어요.

equator N

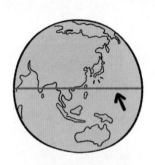

**equ-(똑같이 나누는)
+ ator(~하는 것) = 적도**

The equator divides the Earth into
two equal halves.

적도는 지구를 두 개의 동등한
반으로 나눠요.

adequate A

**ad(~로) + -equ-(같은)
+ ate(~한 상태) = 충분한**

Make sure you get adequate
sleep every night.

매일 밤 충분한 수면을
취하도록 하세요.

-(i)ancy

brilliancy

brill(빛나는) + -iancy(상태)
= 찬란함, 빛남

The brilliancy of the diamond caught everyone's eye.

다이아몬드의 찬란함이 모두의
눈길을 사로잡았어요.

vacancy N

vac(비어 있는) +
-ancy(상태, 성질) = 공석

**There is a vacancy
in our school choir.**

우리 학교 합창단에 공석이 있어요.

infancy N

in(~않은) + fa(말하다) +
-ancy(상태, 성질) = 유아기

**Babies learn a lot during
infancy.**

아기들은 유아기 동안
많은 것을 배워요.

-ali-, -alt(er)-

alien N A

ali-(다른) + en(존재)
= 외계인, 이질적인

In science fiction movies, aliens come from other planets.

공상 과학 영화에서 외계인은 다른 행성에서 와요.

alter V

alt-(다른) + er(~게 하는)
= 바꾸다

We had to alter our plans because of the rain.

비 때문에 우리는 계획을 바꿔야 했어요.

alternative N A

alter-(다른) + native(본래의 것)
= 대안, 대체의

If the park is closed, we can go to the museum as an alternative.

공원이 닫혔다면, 대안으로 박물관에 갈 수 있어요.

May 2nd : -ency

emergency (N)

frequency (N)

efficiency (N)

emerge(나타나다) + -ency(상태) = 긴급	freq(자주 있는) + u(쉽게 읽기 위해 추가) + -ency(성질) = 빈도	efficient(효율적인) + -ency(성질) = 효율성
In an emergency, stay calm and call for help.	We have art class with high frequency.	Good planning improves work efficiency.
긴급 상황에서는 침착하게 도움을 요청하세요.	우리는 높은 빈도로 미술 수업을 해요.	좋은 계획은 일의 효율성을 높여요.

-simil-, -simul-

similar Ⓐ

simultaneous Ⓐ

simulation Ⓝ

---

simil-(~와 같은) + -ar(~한)
= 비슷한

The twins look very similar to each other.

쌍둥이들은 서로 매우 비슷하게 생겼어요.

---

simul-(~와 같은) + -taneous
(~한 상태의) = 동시의

The two events occurred simultaneous to each other.

두 사건이 서로 동시에 발생했어요.

---

simul-(비슷하게 해 보는) +
-ation(행위) = 시뮬레이션

The flight simulator provides a realistic simulation of flying.

비행 시뮬레이터는 비행의 현실적인 시뮬레이션을 제공해요.

-ade

parade

par(준비하다) + -ade(상태)
= 행진

**The school parade was
colorful and fun.**

학교 행진은 색깔이 화려하고
재미있었어요.

blockade

block(막다) + -ade(상태)
= 봉쇄

**The snow blockade prevented
us from going outside.**

눈 봉쇄로 우리는 밖에 나갈 수
없었어요.

-semble-

assemble ⓥ

resemble ⓥ

dissemble ⓥ

---

as(방향) + -semble(같은) = 모으다

We need to **assemble** all the pieces to complete the puzzle.

퍼즐을 완성하려면 모든 조각을 모아야 해요.

re(다시) + -semble(똑같은) = 닮다

The baby **resembles** her mother a lot.

아기는 엄마를 많이 닮았어요.

dis(완전히) + -semble(같은) = 은폐하다, 위장하다

The spy had to **dissemble** his identity to complete the mission.

스파이는 임무를 완수하기 위해 신분을 위장해야 했어요.

-ery

bakery

nursery

grocery

---

bake(굽다) + -ery(곳, 장소)
= 제과점

The **bakery** sells fresh bread
every morning.

제과점은 매일 아침 신선한
빵을 팔아요.

---

nurse(돌보다) + -ery(곳, 장소)
= 보육원

The **nursery** takes care of
young children.

보육원은 어린아이들을 돌봐요.

---

grocer(잡화상) + -y(ery의 변형)
= 식료품점

We buy our weekly food
at the local **grocery**.

우리는 매주 식료품을
동네 식료품점에서 사요.

-min-

minute N A

min-(작은) + ute(~게 하는 것, ~하는) = 분, 아주 작은

There are 60 minutes in an hour.

한 시간은 60분이에요.

miniature A N

min-(작은) + iature(형태) = 축소형의, 미니어처

The dollhouse is a miniature version of a real house.

인형의 집은 실제 집의 축소형 버전이에요.

minor A

min-(작은) + or(더 ~한) = 사소한, 작은

He had a minor injury on his arm.

그는 팔에 작은 부상을 입었어요.

zoology

zoo(동물) + -ology(학문)
= 동물학

Zoology helps us understand
animal life.

동물학은 우리가 동물의 생활을
이해하도록 도와줘요.

archaeology

archae(고대의) + -ology(학문)
= 고고학

Archaeology is the study
of old things from the past.

고고학은 과거의 오래된 것을
연구하는 학문이에요.

-maxi-

maximum

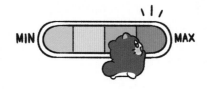

maximum value

maxim

maxi-(높은 수준의) + mum(큰) = 최대의, 최고의, 최대, 최고	**maxi-(가장 큰) + mum(최대의) + value(값) = 최댓값**	**maxim(가장 큰 것, 중요한 것) = 격언**
The maximum speed is a hundred kilometers.	The maximum value on the thermometer is 50 degrees Celsius.	"Honesty is the best policy" is a well-known maxim.
고속도로의 최대 속도는 100킬로미터예요.	온도계의 최댓값은 섭씨 50도예요.	"정직이 최상의 방책이다"는 잘 알려진 격언이에요.

physics

economics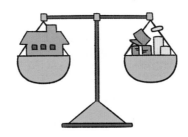

mathematics

phys(자연) + -ics(학문) **= 물리학**	**econom(경제) + -ics(학문)** **= 경제학**	**mathema(배우다) + -tics(학문)** **= 수학**
In physics, we learn about motion and energy.	**Economics teaches us about money and trade.**	**I enjoy solving problems in mathematics class.**
물리학에서는 운동과 에너지를 배워요.	경제학은 돈과 무역을 가르쳐 줘요.	나는 수학 수업에서 문제를 푸는 것을 즐겨요.

-magn-

magnify

magn-(큰) + ify(~하게 하다) = 확대하다

We use a microscope to magnify tiny objects.

우리는 작은 물체를 확대하기 위해 현미경을 사용해요.

magnificent

magn-(크게) + ific(만들다) + ent(~의 특성) = 웅장한, 멋진

The view from the mountain top was magnificent.

산 정상에서의 경치는 웅장했어요.

magnitude

magn-(큰) + itude(정도, 상태) = 규모, 크기

The earthquake had a strong magnitude.

지진은 강한 규모였어요.

-ize

realize ⓥ

real(실제의) + -ize(만들다)
= 깨닫다

I realized my mistake after
checking the answer.

답을 확인한 후 내 실수를
깨달았어요.

organize ⓥ

organ(기관) + -ize(만들다)
= 조직하다, 정리하다

Let's organize our room
to make it neater.

방을 더 깔끔하게 하기 위해
정리해 봐요.

안물어봐서 안궁금

안물안궁

summarize ⓥ

summar(요약) + -ize(만들다)
= 요약하다

Can you summarize the story
in a few sentences?

몇 문장으로 이야기를
요약할 수 있나요?

-fort-

comfortable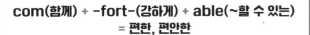

com(함께) + -fort-(강하게) + able(~할 수 있는)
= 편한, 편안한

This sofa is very comfortable to sit on.

이 소파는 앉기에 매우 편해요.

fortress N

fort-(강한) + ress(장소)
= 요새

**The ancient fortress protected
the city from enemies.**

고대의 요새는 적에게서 도시를 지켰어요.

-lyze, -ize

analyze ⓥ

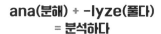

ana(분해) + -lyze(풀다)
= 분석하다

**Let's analyze the story
to understand it better.**

이야기를 더 잘 이해하기 위해
분석해 봐요.

criticize ⓥ

critic(비평가) + -ize(되게 하다)
= 비판하다

**It's not nice to criticize others
all the time.**

항상 다른 사람을 비판하는 것은
좋지 않아요.

-force-

enforce (V)

reinforce (V)

en(~하게 하다) + -force(힘)
= 시행하다, 강제하다

The police enforce the law to keep everyone safe.

경찰은 모두의 안전을 위해 법을 시행해요.

re(다시) + in(안을) + -force(세게 하는 힘)
= 강화하다, 보강하다

We need to reinforce the old bridge to make it stronger.

우리는 오래된 다리를 더 튼튼하게 하기 위해 강화해야 해요.

-ate

valuate (v)

decorate (v)

fascinate (v)

**valu(가치) + -ate(만들다)
= 평가하다, 가치를 매기다**

The teacher will valuate
the students' projects.

선생님은 학생들의 프로젝트를
평가할 거예요.

**decor(장식) + -ate(만들다)
= 꾸미다**

We will decorate the classroom for
the school festival.

우리는 학교 축제를 위해
교실을 꾸밀 거예요.

**fascin(매혹) + -ate(~하게 하다)
= 매혹하다**

Colorful butterflies fascinate
many children.

알록달록한 나비들은 많은 아이를
매혹시켜요.

-arm-

army

armchair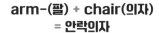

forearm

arm-(무기) + y(~를 갖춘 상태) **= 군대**	**arm-(팔) + chair(의자)** **= 안락의자**	**fore(앞) + -arm(팔)** **= 팔뚝**
The army protects our country.	Grandpa likes to read the newspaper in his armchair.	The tennis player has strong forearms from years of practice.
군대는 우리나라를 지켜요.	할아버지는 안락의자에서 신문 읽는 것을 좋아해요.	테니스 선수는 오랜 연습으로 강한 팔뚝을 가지고 있어요.

-ate

imitate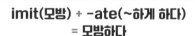

imit(모방) + -ate(~하게 하다)
= 모방하다

Children often imitate
the actions of their parents.

아이들은 종종 부모의 행동을
모방해요.

negotiate

negoti(협상) +
-ate(~하게 하다) = 협상하다

We need to negotiate the rules
of our group project.

우리는 그룹 프로젝트의 규칙을
협상해야 해요.

participate

parti(부분) + cip(잡다)
+ -ate(~하게 하다) = 참여하다

I want to participate
in the school talent show.

나는 학교 장기자랑에
참여하고 싶어요.

-mach-, -mecha-

machine

**mach-(기계) + ine(~인 것)
= 기계**

Computers are machines
that help us work faster.

컴퓨터는 우리가 더 빨리 일할 수
있게 도와주는 기계예요.

mechanical A

**mecha(기계) + ical(~의 특성)
= 기계적인**

The robot moves in
a mechanical way.

로봇은 기계적인 방식으로 움직여요.

mechanic

**mecha(기계) + ic(~와 관련된
사람) = 기계공, 정비사**

The car mechanic fixed
our broken engine.

자동차 정비사가 고장 난
엔진을 고쳤어요.

-ify

classify Ⓥ

simplify Ⓥ

beautify Ⓥ

class(분류) + -ify(만들다)
= 분류하다

**We learned to classify animals
in science class.**

과학 수업에서 동물을
분류하는 법을 배웠어요.

simpl(간단한) + -ify(만들다)
= 간단하게 하다

**The teacher tried to simplify
the difficult math problem.**

선생님은 어려운 수학 문제를
간단하게 하려고 노력했어요.

beaut(아름다운) + -ify(만들다)
= 아름답게 하다

**We can beautify our classroom
with colorful drawings.**

교실을 화려한 그림으로 아름답게
꾸밀 수 있어요.

-techn-

technology

technician

technique

---

techn-(기술) + ology(학문) = 기술, 과학 기술

We use a lot of technology in our daily lives, like smartphones.

우리는 일상에서 스마트폰 같은 많은 기술을 사용해요.

---

techn-(기술) + ician(~하는 사람) = 기술자

The computer technician fixed our broken laptop.

컴퓨터 기술자가 고장 난 노트북을 고쳤어요.

---

techn-(기술) + ique(~의 방식) = 기법

The art teacher taught us a new painting technique.

미술 선생님이 우리에게 새로운 그림 기법을 가르쳐 주셨어요.

-ary

May 12th

secretary N

secret(비밀) +
-ary(~의 성질을 지닌) = 비서

The secretary answers
the phone in the office.

비서는 사무실에서 전화를 받아요.

dictionary N

diction(말하는 것) +
-ary(~의 성질을 지닌) = 사전

Let's look up new words
in the dictionary.

새로운 단어를 사전에서 찾아봐요.

temporary A

tempor(시간) +
-ary(~의 성질을 지닌) = 일시적인

We stayed in a temporary
house after the flood.

홍수가 일어난 후에 우리는
임시 주택에서 지냈어요.

-annu-, -anni-, -enni-

annual Ⓐ

anniversary Ⓝ

biennial Ⓐ

annu-(1년) + al(~의 특성)
= 매년의, 연례의

Our school has an annual
sports day every spring.

우리 학교는 매년 봄에
연례 운동회를 열어요.

anni-(1년) + vers(돌다)
+ ary(~의 특성) = 기념일

My parents celebrate their wedding
anniversary every year.

부모님은 매년 결혼기념일을
축하해요.

bi(두 번의) + -enni-(1년)
+ al(~의 특성) = 2년마다

The art exhibition is a biennial
event in our city.

미술 전시회는 우리 도시에서
2년마다 열리는 행사예요.

-ful

careful

helpful

beautiful

---

care(주의) + -ful(가득한)
= 조심스러운

Be careful when you cross
the street.

길을 건널 때는 조심하세요.

---

help(돕다) + -ful(가득한)
= 도움이 되는, 도움을 주는

My friend is always helpful
when I need assistance.

내 친구는 도움이 필요할 때
항상 도와줘요.

---

beauty(아름다움) + -ful(가득한)
= 아름다운

The garden is full
of beautiful flowers.

정원에는 아름다운 꽃들이
가득해요.

-vac(u)-

August 11th

vacation N

vacant A

vacuum N

vac-(비어 있는) + ation(상태) = 휴가	**vac-(텅 빈) + ant(형용사 접미사) = 비어 있는, 공석의**	**vacu-(텅 빈) + um(공간) = 진공, 진공청소기**
We're going to the beach for our summer **vacation**.	These two seats are **vacant**.	Mom uses the **vacuum** cleaner to clean the carpet.
우리는 여름 휴가로 해변에 갈 거예요.	이 두 자리는 비어 있어요.	엄마는 카펫을 청소하기 위해 진공청소기를 사용해요.

-less

hopeless

hope(희망) + -less(없는)
= 희망 없는

The situation is not hopeless;
we can find a solution.

상황이 희망 없는 것은 아니에요.
해결책을 찾을 수 있어요.

useless

use(사용) + -less(없는)
= 쓸모없는

No object is completely useless;
we can recycle it.

완전히 쓸모없는 물건은 없어요.
그것을 재활용할 수 있어요.

endless

end(끝) + -less(없는)
= 끝없는

The night sky seems endless
and full of stars.

밤하늘은 끝없고 별들로
가득 차 보여요.

-fre-, -frig-, -frost-

freeze

fre-(차가운) + eze(~상태로 만들다) = 얼다

Water will freeze and turn into ice when it's very cold.

날씨가 매우 추우면 물이 얼어서 얼음이 돼요.

refrigerator

re(다시) + -frig-(차가운) + erator(~하는 것) = 냉장고

We keep our food fresh in the refrigerator.

우리는 음식을 냉장고에 보관해서 신선하게 해요.

frostbite

frost-(차가운, 서리) + bite(물리다) = 동상

Wear warm gloves to prevent frostbite in winter.

겨울에 동상을 예방하려면 따뜻한 장갑을 끼세요.

-able

washable A

readable A

lovable A

wash(씻다) + -able(할 수 있는) = 세탁할 수 있는	read(읽다) + -able(할 수 있는) = 읽기 쉬운	love(사랑하다) + -able(할 수 있는) = 사랑스러운
These markers are washable and easy to clean up.	The book has large, readable text for beginners.	Puppies are very lovable and cute.
매직펜들은 세탁할 수 있고 쉽게 지워져요.	이 책은 초보자를 위해 크고 읽기 쉬운 글자로 되어 있어요.	강아지들은 매우 사랑스럽고 귀여워요.

-lumin-, -luc-, -lun-

illuminate (V)

il(안으로) + -lumin-(빛)
+ ate(~하게 하다) = 밝히다

The streetlights illuminate
the roads at night.

가로등이 밤에 도로를 밝혀요.

translucent (A)

trans(통과) + -luc-(빛)
+ ent(~의 특성) = 반투명의

The curtains are translucent,
letting some light through.

커튼이 반투명이어서 빛이
조금 통과돼요.

lunar (A)

lun-(달) + ar(~의 특성)
= 달의

We studied the lunar phases
in science class.

과학 수업에서 우리는
달의 위상을 공부했어요.

-ible

visible Ⓐ

edible Ⓐ

possible Ⓐ

vis(보다) + -ible(할 수 있는) = 뚜렷한	**ed(먹다) + -ible(할 수 있는) = 먹을 수 있는**	**poss(할 수 있다) + -ible(할 수 있는) = 가능한**
The moon is clearly visible in the night sky.	**Not all mushrooms in the forest are edible.**	**With hard work, anything is possible.**
달은 밤하늘에서 뚜렷하게 볼 수 있어요.	숲에 있는 모든 버섯이 먹을 수 있는 것은 아니에요.	열심히 노력하면 무엇이든 가능해요.

-lav-, -laund-

lavatory

laundry N

laundromat N

**lav-(씻다) + atory(장소)
= 화장실**

The **lavatory** is at the end
of the hallway.

화장실은 복도 끝에 있어요.

**laund-(씻다) + ry(행위)
= 세탁물, 세탁**

I help my mom with the **laundry**
on weekends.

주말에 나는 엄마의 세탁을
도와 드려요.

**laund-(씻다) + ro(기계)
+ mat(장소) = 세탁실**

I go to the **laundromat**
to wash my clothes.

나는 옷을 빨기 위해
세탁실에 가요.

-ous

envious Ⓐ

nervous Ⓐ

serious Ⓐ

---

envy(질투) +
-ous(~가 가득한) = 질투하는

She felt envious of her friend's new toy.

그녀는 친구의 새 장난감을
보고 질투했어요.

---

nerve(신경) +
-ous(~이 쓰이는) = 긴장한

I feel nervous before a big test.

나는 큰 시험 전에 긴장해요.

---

seri(무거운) + -ous(~이 가득한)
= 진지한, 심각한

**This is a serious problem
we need to solve.**

이것은 우리가 해결해야 할
심각한 문제예요.

-flu-, -flo-

influence Ⓝ

fluent Ⓐ

flood Ⓝ Ⓥ

---

in(안으로) + -flu-(흐르는) + ence(명사 접미사) = 영향

Good friends can have a good influence on us.

좋은 친구들은 우리에게 긍정적인 영향을 줄 수 있어요.

---

flu-(흐르다) + ent(~의 특성) = 유창한, 거침없는

My sister is fluent in three languages.

우리 언니는 세 가지 언어를 유창하게 해요.

---

flo-(흐르다) + od(접미사) = 홍수, 물에 잠기다

Heavy rain caused a flood in the village.

폭우로 마을에 홍수가 났어요.

-ous

famous Ⓐ

dangerous Ⓐ

humorous Ⓐ

**fame(명성) +
-ous(가득한) = 유명한**

The **famous** singer performed
at our school.

유명한 가수가 우리 학교에서
공연했어요.

**danger(위험) +
-ous(~이 있는) = 위험한**

It can be **dangerous** to play
near busy roads.

바쁜 도로 근처에서 놀면
위험할 수 있어요.

**humor(유머) + -ous(가득한)
= 재미있는, 유머러스한**

The comedian is very **humorous**
on stage.

코미디언은 무대에서 아주
유머러스해요.

-aqua-

aqua

aquarium

aquatic life

aqua(비, 바다, 물) = 물

The new water bottle is designed
to keep aqua cool for hours.

새로운 물병은 물이 몇 시간 동안
시원하도록 설계되었어요.

aqua-(물) + rium(장소)
= 수족관

We saw many colorful fish at the
aquarium.

수족관에서 우리는 많은 색깔의
물고기를 봤어요.

aqua-(물) + tic(~의 특성)
+ life(생물) = 수생 생물

Frogs, fish, and various insects
are aquatic life.

개구리, 물고기, 그리고 다양한 곤충은
수생 생물이에요.

delicious Ⓐ

delic(부드러운, 즐거운) +
-ious(성질이 있는) = 맛있는

My mom's cookies are always
very delicious.

엄마가 만든 쿠키는 항상
아주 맛있어요.

suspicious Ⓐ

suspic(의심하는) +
-ious(성질이 있는) = 의심스러운

Mom felt suspicious of the stranger.

엄마는 낯선 사람을 의심스러워했어요.

mysterious Ⓐ

myster(비밀) +
-ious(특성이 있는) = 신비로운

The old castle looks mysterious
at night.

오래된 성은 밤이면 신비롭게 보여요.

-mount-

mountain N

amount N

surmount V

---

mount-(오르다, 올라가다) + ain(~의 특성) = 산

We climbed the mountain to enjoy views.

우리는 산에 올라가서 경치를 즐겼어요.

---

a(~로) + -mount(오르다) = 양, 총계

The amount of homework we have this week is a lot.

이번 주 우리에게 있는 숙제의 양이 많아요.

---

sur(위로) + -mount(올라가다) = 극복하다

We can surmount any difficulty if we work together.

우리가 함께 노력하면 어떤 어려움도 극복할 수 있어요.

rural  A

rur(시골) + -al(~과 관련된)
= 시골의

I like living in a rural area.

나는 시골 지역에
사는 것을 좋아해요.

royal A

roy(왕) + -al(~과 관련된)
= 왕의, 왕실의

**The king's family lives
in a royal palace.**

왕의 가족은
왕실 궁전에서 살아요.

global  A

globe(지구) + -al(~와 관련된)
= 세계적인, 지구의

**Global warming affects
our whole Earth.**

지구 온난화는 전 지구에
영향을 줘요.

-terr-

territory

terrace

terrier

terr-(땅의) + itory(장소) = 영토	terr-(땅의) + ace(장소) = 테라스	terr-(땅의) + ier(사람, 동물) = 테리어(개 종류)
Each animal in the forest has its own territory.	**We have a small garden on the terrace of our apartment.**	**A terrier is a dog that was bred to hunt small animals.**
숲속의 각 동물은 자신만의 영토가 있어요.	우리 아파트의 테라스에 작은 정원이 있어요.	테리어는 작은 동물을 사냥하기 위해 길러진 개예요.

actual A

personal A

formal A

act(행위) + -ual(~와 관련된) = 실제의	person(사람) + -al(~과 관련된) = 개인의	form(형식) + -al(~과 관련된) = 공식적인, 격식 있는
The actual size of the toy was bigger than in the picture.	This is my personal notebook. Please don't look at it.	We wear formal clothes to the school ceremony.
장난감의 실제 크기는 사진보다 더 컸어요.	이것은 내 개인 노트북이에요. 보지 말아 주세요.	우리는 학교 행사 때 격식 있는 옷을 입어요.

-astro-

astronomy

astronaut

astrology

astro-(별) + nomy(학문, 법칙)
= 천문학

In astronomy class, we learn
about stars and planets.

천문학 수업에서 우리는
별과 행성을 배워요.

astro-(별) + naut(항해사)
= 우주 비행사

An astronaut travels into space
to explore other planets.

우주 비행사는 다른 행성을
탐험하기 위해 우주로 여행해요.

astro-(별) + logy(이야기하다)
= 점성술

Some people believe astrology
can predict their future.

어떤 사람들은 점성술이 미래를
예측할 수 있다고 믿어요.

-ive

active Ⓐ

act(행동하다) + -ive(~는 성질의) = 활동적인

My little brother is very active.

내 동생은 매우 활동적이에요.

attractive Ⓐ

attract(끌어당기다) + -ive(~는 성질의) = 매력적인

The flowers look very attractive.

꽃들이 매우 매력적이에요.

passive Ⓐ

pass(영향을 받는) + -ive(~는 성질의) = 수동적인

Don't be passive during class discussion.

수업 토론 시간에 수동적이지 마세요.

-aster-

disaster

asteroid

asterisk

dis(사라진, 없어진) + -aster(별) = 재난	aster-(별) + oid(닮다, 비슷한 것) = 소행성	aster-(별) + isk(작은) = 별표
The flood was a big natural disaster.	Scientists discovered a new asteroid using telescopes.	The teacher marked important words with an asterisk.
홍수는 큰 자연 재난이었어요.	과학자들은 망원경으로 새로운 소행성을 발견했어요.	선생님은 중요한 단어에 별표로 표시했어요.

basic Ⓐ

comic Ⓐ

athletic Ⓐ

base(기초) + -ic(~의 성질을 지닌) = 기본적인	com(웃기다) + -ic(~는 성질을 지닌) = 재미있는	athlet(운동선수) + -ic(~의 성질을 지닌) = 운동의
We learn basic math in elementary school.	**The clown's comic act made everyone laugh.**	**My brother is very athletic.**
우리는 초등학교에서 기초 수학을 배워요.	광대의 재미있는 공연은 모든 사람을 웃게 했어요.	내 형은 매우 운동을 잘해요.

cosmos N

cosmic A

cosm-(질서, 조화) + os(~스러운, ~한)
= 우주

**The cosmos is filled with
countless stars and planets.**

우주는 셀 수 없이 많은 별과 행성으로
가득 차 있어요.

cosm-(우주) + ic(~의 특성)
= 우주의

**Scientists study cosmic rays
from outer space.**

과학자들은 우주에서 오는
우주선을 연구해요.

-ical

musical Ⓐ

physical Ⓐ

magical Ⓐ

music(음악) + -ical(~의 성질을 지닌) = 음악의	physic(물리) + -ical(~의 성질을 지닌) = 물리적인, 육체의	magic(마법) + -ical(~의 성질을 지닌) = 마법의
He has a musical talent.	**Physical exercise makes us strong.**	**The show had magical moments tonight.**
그는 음악적 재능이 있어요.	육체적 운동은 우리를 강하게 해요.	오늘 밤 공연에서는 마법 같은 순간이 가득했어요.

8

AUGUST

fragile (A)

juvenile (A)

hostile (A)

frag(부서지다) + -ile(~는 성질을 지닌) = 깨지기 쉬운	juven(젊은) + -ile(~의 성질을 지닌) = 청소년의, 어린애 같은	host(적) + -ile(~의 성질을 지닌) = 적대적인
Handle the fragile glass carefully.	**Juvenile birds often have different feathers from adults.**	**We should not be hostile to new classmates.**
깨지기 쉬운 유리를 조심히 다루세요.	어린 새들은 종종 성체와 다른 깃털이 있어요.	우리는 새로운 반 친구들에게 적대적이어서는 안 돼요.

-clar(e)-

clarify

clar-(분명히) + ify(~하게 하다) = 명확히 하다

The teacher tried to clarify the difficult concept for us.

선생님은 어려운 개념을 우리에게 명확히 하려고 노력하셨어요.

clarity

clar-(분명한) + ity(상태) = 명확(성)

Good speakers always try to speak with clarity.

좋은 연설가는 항상 명확하게 말하려고 노력해요.

declare

de(완전히) + -clare(분명히 하다) = 선언하다

The principal declared that we would have a school picnic.

교장 선생님은 우리가 학교 소풍을 갈 것이라고 선언했어요.

-ory

advisory Ⓐ

Six NINE

contradictory Ⓐ

explanatory Ⓐ

---

advise(조언하다) + -ory(~과 관련된) = 자문의, 조언의

The advisory meeting starts at 3p.m.

자문 회의는 오후 3시에 시작해요.

contradict(모순) + -ory(~과 관련된) = 모순되는, 반대의

Their stories were contradictory to each other.

그들의 이야기는 서로 모순되었어요.

explanation(설명) + -ory (~과 관련된) = 설명하는, 해설의

The teacher gave an explanatory note.

선생님은 설명이 담긴 메모를 줬어요.

-mem-, -mind-, -memor-

remember v

remind v

memorize v

re(다시) + -mem-(새기는) + ber(동사 접미사)= 기억하다	re(다시) + -mind(마음속에 들어가게 하다) = 상기시키다	memor-(기억) + ize(~하게 하다) = 암기하다
I always try to remember my friends' birthdays.	**My mom reminds me to brush my teeth every night.**	**We need to memorize multiplication tables for math class.**
나는 항상 친구들의 생일을 기억하려고 노력해요.	엄마는 매일 밤 이를 닦으라고 상기시켜 주세요.	수학 수업을 위해 구구단을 암기해야 해요.

-en

darken ⓥ

whiten ⓥ

sharpen ⓥ

---

dark(어두운) + -en(~게 하다) = 어둡게 하다, 어두워지다

The sky began to darken as evening approached.

저녁이 다가오면서 하늘이 어두워지기 시작했어요.

---

white(하얀) + -en(~게 하다) = 하얗게 하(되)다

Snow whitened the mountain tops.

눈이 산봉우리를 하얗게 했어요.

---

sharp(날카로운) + -en(~게 하다) = 날카롭게 하다

You need to sharpen your pencil before the test.

시험 전에 연필을 날카롭게 깎아야 해요.

-cred-

credit

**cred-(믿다) + it(~것)
= 신용(거래), 학점**

My parents use a **credit** card
to buy things.

부모님은 물건을 살 때
신용 카드를 사용해요.

incredible A

**in(~아닌) + -cred-(믿다) +
ible(~할 수 있는) = 믿기 힘든, 놀라운**

The magician's trick was so
incredible, we couldn't believe it.

마술사의 마술이 너무 놀라워서
믿을 수 없었어요.

credential

**cred-(믿다) + ential(~와 관련된)
= 자격 증명서, 신임장**

Dad showed his work **credentials**
at security.

아빠가 경비실에서 사원증을
보여 주셨어요.

-wise

clockwise AD

likewise AD

otherwise AD

**clock(시계) + -wise
(~의 방식으로) = 시계 방향으로**

The big toy horse moves
clockwise.

큰 장난감 말이 시계 방향으로 돌아요.

**like(같은) + -wise(~의
방식으로) = 마찬가지로**

Mom is kind, and likewise,
her sister.

엄마는 친절하고, 마찬가지로
이모도 그래요.

**other(다른) + -wise(~의
방식으로) = 그럴지 않으면**

Eat your vegetables,
otherwise no dessert.

채소를 먹어요, 그럴지 않으면
디저트는 없어요.

-gno(re)-, -cogn-

diagnose ⓥ

ignore ⓥ

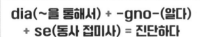

recognize ⓥ

---

dia(~을 통해서) + -gno-(알다) + se(동사 접미사) = 진단하다

The doctor will **diagnose** the problem after examining you.

의사 선생님은 당신을 검사한 후에 문제를 진단할 거예요.

---

ig(~지 않는) + -gnore(알다) = 무시하다

Don't **ignore** your friends when they're talking to you.

친구들이 당신에게 말할 때 무시하지 마세요.

---

re(다시) + -cogn-(알다) + ize (~게 하다) = 알아보다, 인식하다

I **recognize** her face, but not her name.

얼굴은 알아보지만 이름은 몰라요.

-ward

forward AD A

for(앞) + -ward(~을 향하여) = 앞으로

The teacher asked us to move forward.

선생님이 우리에게 앞으로 나오라고 하셨어요.

backward AD A

back(뒤) + -ward(~를 향하여) = 뒤로

The crab walks backward on the beach.

게는 해변에서 뒤로 걸어요.

upward AD A

up(위) + -ward(~를 향하여) = 위로

The balloon floated upward into the sky.

풍선이 하늘 위로 떠올랐어요.

-merc(h)-

commercial

com(함께) + -merc-(거래) + ial(~의 특성) = 상업의, 광고

We saw a funny **commercial** on TV for a new toy.

TV에서 새로운 장난감에 대한 재미있는 광고를 봤어요.

merchant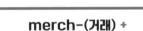

merch-(거래) + ant(~하는 사람) = 상인

The **merchant** sells fresh fruits at the market.

상인은 시장에서 신선한 과일을 팔아요.

merchandise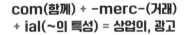

merch-(상인, 거래) + andise(~하게 하는 것) = 상품

The store has a wide variety of **merchandise**.

가게에는 다양한 상품이 있어요.

May 30th

-most

uppermost A

innermost A

foremost A

upper(위의) + -most(가장 ~한) = 가장 위의	inner(안쪽의) + -most(가장 ~한) = 가장 안쪽의, 내밀한	fore(앞의) + -most(가장 ~한) = 가장 앞의
The star is placed on the uppermost branch of the tree.	The castle's innermost chamber was dark.	Safety is our foremost concern.
별은 나무의 가장 위의 가지에 있어요.	성의 가장 안쪽 방은 어두웠어요.	안전이 우리의 가장 앞선 관심사예요.

-liter-

literal

**liter-(글자) + al(~의 특성)
= 문자의, 문자 그대로의**

The **literal** meaning of 'bookworm' is
'a worm in books'.

'책벌레'라는 말은 문자 그대로 보면 '책 속의 벌레'예요.
(실제로 '책을 매우 좋아하는 사람'을 뜻해요)

literature

**liter-(글자) + ature(~로 ~하는 것)
= 문학**

We study famous works of
literature in our class.

우리는 수업 시간에 유명한
문학 작품들을 공부해요.

-let

booklet N

book(책) + -let(작은)
= 소책자

The museum gave us
a booklet about the exhibition.

박물관에서 전시회 소책자를
주었어요.

droplet N

drop(방울) + -let(작은)
= 작은 물방울

Tiny droplets of water formed
on the leaves.

작은 물방울이 잎사귀에 맺혔어요.

piglet N

pig(돼지) + -let(작은)
= 새끼 돼지

The mother pig was feeding
her piglets.

어미 돼지가 새끼 돼지들에게
먹이를 주고 있었어요.

-gram-

program  N

pro(앞서, 미리) + -gram(쓰인 글자, 기록) = 프로그램

The computer program helps us learn math.

컴퓨터 프로그램은 수학을 배우는 데 도움을 줘요.

telegram N

tele(멀리) + -gram(글자) = 전보

In the past, people sent telegrams for urgent messages.

과거에는 사람들이 급한 메시지를 보내기 위해 전보를 보냈어요.

diagram N

dia(~을 통해) + -gram(그림, 글자) = 도표

The teacher used a diagram to explain how plants grow.

선생님은 식물이 어떻게 자라는지 설명하려고 도표를 사용했어요.

JUNE

6

-graph(y)-

graphic (A)

photographer (N)

calligraphy (N)

---

graph-(그리다) + ic(~의 특성) = 시각적인, 생생한

The news report contained **graphic** descriptions of the accident.

뉴스 보도에 사고의 생생한 묘사가 있었어요.

photo(빛) + -graph-(그리다) + er(~하는 사람) = 사진사

The **photographer** captured beautiful moments at the wedding.

사진사는 결혼식에서 아름다운 순간들을 담았어요.

calli(아름다운) + -graphy (쓰다) = 서예, 아름다운 글씨

The grandfather practices **calligraphy** every morning.

할아버지는 매일 아침 서예를 연습해요.

-gen-

genuine

gender N

generate V

---

gen-(발생) + uine(~한 특성)
= 진짜의

This is a **genuine**
diamond ring.

이것은 진짜 다이아몬드
반지예요.

---

gen-(태어나다) + der(~의 상태)
= 성별

Everyone should respect
each other's **gender**.

모든 사람은 서로의 성별을
존중해야 해요.

---

gen-(발생) + erate(~하게 하다)
= 만들어 내다

Solar panels **generate** electricity
from sunlight.

태양 전지판은 햇빛에서
전기를 만들어 내요.

-scribe-

prescribe ⓥ

describe ⓥ

subscribe ⓥ

**pre(미리) + -scribe(쓰다)
= 처방하다**

The doctor will prescribe
medicine if you're sick.

의사 선생님은 아프면 약을
처방해 주실 거예요.

**de(완전히) + -scribe(쓰다)
= 묘사하다, 만들다**

Can you describe what you
saw at the zoo?

동물원에서 본 것을 묘사해
줄 수 있나요?

**sub(아래에, 밑에) + -scribe(쓰다)
= 구독하다, 가입하다, 신청하다**

Many kids subscribe to cartoon
channels they enjoy watching.

많은 어린이가 좋아하는
만화 채널을 구독해요.

-gen(t)-

June 2nd

generous A

gen-(생기다) + erous (~이 많은) = 너그러운, 관대한

My generous friend always shares her lunch with me.

너그러운 내 친구는 나와 항상 점심을 나눠 먹어요.

genetic A

gen-(종) + etic(~과 관련된) = 유전의

My curly hair is a genetic trait from my dad.

내 곱슬머리는 아빠에게 물려받은 유전 특징이에요.

gentle A

gent-(공손한, 예의 바른) + le(형용사 접미사) = 온화한

The gentle nurse spoke softly to calm the nervous patient.

온화한 간호사는 긴장한 환자를 진정시키려고 부드럽게 말했어요.

-lingu-

linguist

lingu-(언어) + ist(~하는 사람)
= 언어학자

**A linguist studies how
languages work.**

언어학자는 언어가 어떻게
작용하는지 연구해요.

linguistics

lingu-(언어) + istics(학문)
= 언어학

**Linguistics is the scientific
study of language.**

언어학은 언어를 과학적으로
연구하는 학문이에요.

-nat(e)-, -gnant-

native Ⓐ

innate Ⓐ

pregnant Ⓐ

**nat-(태어나다) +
ive(~의 특성) = 태생의**

Pandas are native to China.

판다는 중국이 고향이에요.

**in(안에) + -nate(태어나다)
= 타고난**

**Some kids have an innate
talent for music.**

어떤 아이들은 음악에 타고난
재능이 있어요.

**pre(전에) + -gnant(태어나는
상태의) = 임신한**

**My teacher is pregnant and
will have a baby soon.**

우리 선생님은 임신하셔서 곧
아기를 낳으실 거예요.

-log-, -logue-, -logy-

logic

dialogue

biology

log-(말) + ic(~의 특성) = 논리	**dia(통과해, 사이의) + -logue(말) = 대화**	**bio(생명) + -logy(연구) = 생물학**
We use logic to solve math problems.	In the play, there was a funny dialogue between two characters.	In biology class, we learn about plants and animals.
우리는 수학 문제를 풀 때 논리를 사용해요.	연극에서 두 등장인물 사이에 웃긴 대화가 있었어요.	생물학 수업에서 우리는 식물과 동물을 배워요.

-origin-, -ori-

original A

orient V

origin N

---

origin-(기원, 발원) + al(~의 특성) = 원래의, 독창적인

My friend drew an **original** picture for the art contest.

내 친구는 미술 대회를 위해 독창적인 그림을 그렸어요.

---

ori-(떠오르다) + ent(~하는) = 방향을 잡다

We used a compass to **orient** ourselves in the forest.

우리는 숲에서 방향을 잡기 위해 나침반을 사용했어요.

---

ori-(떠오르다) + gin(시작) = 기원, 출발점

The **origin** of this fairy tale is in ancient Greece.

이 동화의 기원은 고대 그리스에 있어요.

-per(t)-

experience

ex(밖으로) + -per-(시험 삼아 하다) + ience(상태) = 경험, 겪다

Traveling is a great way to gain new experiences.

여행은 새로운 경험을 쌓는 좋은 방법이에요.

experiment

ex(밖으로) + -per-(시도하다) + iment(행위) = 실험, 실험하다

We did a fun science experiment in class today.

오늘 수업 시간에 재미있는 과학 실험을 했어요.

expert

ex(밖으로) + -pert(많이 노력하다) = 전문가, 숙련된

My uncle is an expert in fixing computers.

제 삼촌은 컴퓨터 수리 전문가예요.

-prim-, -prem-

primary

prim-(중요한) + ary(~의 특성) = 주요한, 초등의

Red, blue, and yellow are **primary** colors.

빨강, 파랑, 노랑은
주요 색깔이에요.

primitive

prim-(첫 번째의) + itive(~의 특성) = 원시의, 원시적인

Early humans used **primitive** tools made of stone.

초기 인류는 돌로 만든
원시적인 도구를 사용했어요.

premier

prem-(첫 번째의) + ier(~인 사람) = 최고의, 수상, 국무총리

The best league in English football is called the **Premier** League.

잉글랜드 축구의 최고 리그를
프리미어 리그라고 해요.

-test-

protest V N

contest N V

testify V

**pro(앞으로) + -test
(주장하다) = 항의하다, 항의**

The students decided to **protest** against the new school rules.

학생들은 새로운 학교 규칙에 항의하기로 결정했어요.

**con(함께) + -test(시험을 치다)
= 대회, 다투다**

Our class will have a spelling **contest** next week.

다음 주에 우리 반에서 철자 경연 대회를 할 거예요.

**test-(증명하다) + ify(~하게 하다)
= 증언하다**

The witness had to **testify** in court about what she saw.

목격자는 법정에서 자신이 본 것을 증언해야 했어요.

-prin-

prince

prin-(제일의) + ce(사람)
= 왕자

The prince is the first in line to inherit the throne.

왕자는 왕위 계승 서열 1위의
후보자예요.

principle

prin-(첫 번째의) + ciple(취하다)
= 원칙

One important principle in our class is to be kind to others.

우리 반의 중요한 원칙 하나는 다른 사람에게
친절히 대하는 거예요.

principal

prin-(제일의) + cipal(우두머리)
= 교장 선생님

The principal gave a speech at the school assembly.

교장 선생님이 학교 조회에서
연설했어요.

-fess-

confess

profess

professor

con(완전히) + -fess(말하다)
= 고백하다, 자백하다

The student **confessed** to breaking the classroom window.

학생은 교실 창문을 깬 것을
고백했어요.

pro(앞으로) + -fess(말하다)
= 주장하다, 공언하다

He **professes** to be an expert in ancient history.

그는 고대 역사의 전문가라고
주장해요.

pro(앞으로) + -fess-(말하다)
+ or(~하는 사람) = 교수

The **professor** teaches biology at the university.

그 교수는 대학에서 생물학을
가르쳐요.

solar A

solitary A

desolate A

sol-(태양) + ar(~과 관련된) = 태양의	sol-(홀로, 하나) + itary(~의 특성) = 혼자의, 외딴	de(~없는) + -sol-(하나) + ate(상태) = 황폐한
We use solar panels to get energy from the sun.	**The solitary tree stood alone in the field.**	**After the storm, the playground looked desolate.**
우리는 태양에서 에너지를 얻기 위해 태양 전지판을 사용해요.	외로운 나무는 들판에 홀로 서 있었어요.	폭풍 후에 놀이터가 황폐해 보였어요.

-fa-, -fabul-

fable

infant N

fabulous A

fa-(말하다) + ble(~하는 것) = 우화	in(~아닌) + -fa-(말하다) + ant(사람) = 유아	fabul-(엄청난) + ulous(~의 특성) = 멋진, 환상적인
Aesop's fables teach important life lessons.	An infant needs constant care and attention.	We had a fabulous time at the amusement park.
이솝 우화는 중요한 인생 교훈을 가르쳐요.	유아는 지속적인 돌봄과 관심이 필요해요.	우리는 놀이공원에서 환상적인 시간을 보냈어요.

vivid A

survive V

revive V

viv-(살다) + id(상태) = 생생한	sur(~를 넘어서) + -vive(살다) = 생존하다	re(다시) + -vive(살다) = 되살리다
The story was so vivid, I felt like I was there.	Cacti can survive in the hot desert.	Water helped revive the wilting plant.
이야기가 너무 생생해서 마치 내가 거기 있는 것 같았어요.	선인장은 뜨거운 사막에서 생존할 수 있어요.	물이 시들어 가는 식물을 되살리는 데 도움을 줬어요.

-nounce-, -nomin-, -nown-

pronounce (V)

nominate (V)

renown (N)

---

pro(앞에서) + -nounce (말하다) = 발음하다	nomin-(이름) + inate(~하게 하다) = 지명하다	re(다시) + -nown(알려진) = 명성
It's important to **pronounce** words clearly when speaking.	The class **nominated** Sarah for class president.	The scientist gained **renown** for her important discovery.
말할 때 단어를 명확하게 발음하는 것이 중요해요.	학급은 사라를 반장으로 지명했어요.	과학자는 중요한 발견으로 명성을 얻었어요.

vitamin

vita-(생명) + amin(물질)
= 비타민

**Oranges are full of vitamin C,
which is good for your health.**

오렌지에는 건강에 좋은
비타민 C가 가득해요.

vital A

vita-(생명) + al(~과 관련된)
= 필수적인

**Sleep is vital for growing
children.**

수면은 자라나는 아이들에게
필수적이에요.

vitality

vita-(생명) + ality(상태)
= 활력

Exercise gives you vitality.

운동은 여러분에게 활력을 줘요.

-dict-

addict

ad(~를 향해) + -dict(줄곧 말하다) = 중독되다

Too much candy can **addict** you to sugar.

사탕을 너무 많이 먹으면 설탕에 중독될 수 있어요.

predict

pre(미리) + -dict(말하다) = 예측하다

Meteorologists try to **predict** the weather.

기상학자들은 날씨를 예측하려고 노력해요.

dictatorship

dict-(말하다) + ator(~하는 사람) + ship(지위) = 독재 정부

In a **dictatorship**, one person makes all the rules.

독재 정부에서는 한 사람이 모든 규칙을 만들어요.

-anim-

animal (N)

animation (N)

unanimous (A)

---

anim-(생명, 동물) + al(명사 접미사) = 동물

A giraffe is a very tall animal.

기린은 매우 키가 큰 동물이에요.

---

anim-(생명) + ation(~을 붙어넣는 행위) = 애니메이션

We watched a funny animation movie last night.

우리는 어젯밤에 재미있는 애니메이션 영화를 봤어요.

---

un(하나의) + -anim-(정신) + ous(~의) = 만장일치의

The class made a unanimous decision to go on a picnic.

학급은 소풍을 가기로 만장일치로 결정했어요.

-pear-, -parent-

appear (V)

**ap(~로) + -pear(눈에 보이다)
= 나타나다**

The sun **appeared** from behind the clouds.

구름 뒤에서 태양이 나타났어요.

apparent (A)

**ap(~로) + -parent(보이다)
= 명백한, 분명한**

It was **apparent** that the child was very tired.

그 아이는 매우 피곤한 것이 분명했어요.

transparent (A)

**trans(통과) + -parent(보이다)
= 투명한**

The aquarium has **transparent** walls to see the fish.

수족관은 물고기를 볼 수 있도록 투명한 벽이 있어요.

-spir(e)-

spirit

spir-(영혼) + it(살아 가다)
= 정신, 기운

The team showed great team **spirit** during the game.

팀은 경기 동안 훌륭한 팀 정신을 보여 줬어요.

inspire ⓥ

in(안으로) + -spire(정신)
= 영감을 주다

The beautiful painting **inspired** me to start drawing.

아름다운 그림이 그리기를 시작하도록 영감을 주었어요.

aspire ⓥ

a(~로 향하다) + -spire(정신)
= 열망하다

Many children **aspire** to become astronauts.

많은 아이가 우주비행사가 되기를 열망해요.

July 13th : -(s)pect-

expect

**ex(밖으로) + -pect(보다)
= 기대하다**

We **expect** to learn new things
in the upcoming school year.

우리는 다가오는 학년에 새로운
것들을 배우길 기대해요.

suspect Ⓥ

**su(~까지) + -spect(보다)
= 의심하다**

The teacher **suspected** that
someone had cheated on the test.

선생님은 누군가가 시험에서
부정행위를 했다고 의심했어요.

spectacle Ⓝ

**spect-(보다) + -acle(~는 것)
= 구경거리**

The fireworks was an amazing
spectacle.

불꽃놀이는 놀라운
구경거리였어요.

-psych-

psychology

psych-(마음) + ology(학문)
= 심리학

Psychology helps us understand how people think and feel.

심리학은 사람들이 어떻게 생각하고 느끼는지 이해하게 도와줘요.

psychic

psych-(영혼) + ic(~과 관련된)
= 심령술사

In movies, a **psychic** can sometimes read people's minds.

영화에서 심령술사는 때때로 사람들의 마음을 읽을 수 있어요.

psychoanalysis

psych-(마음) + analysis(분석)
= 정신 분석

Psychoanalysis helps people understand their deep feelings.

정신 분석은 사람들이 깊은 감정을 이해하는 데 도움을 줘요.

-spect-

respect (V)

inspect (V)

aspect (N)

re(다시) + -spect(올려 보다) = 존중하다, 존경하다	in(안) + -spect(보다) = 검사하다	a(~쪽으로) + -spect(보다) = 측면, 양상
We should respect our elders and listen to their advice.	The health inspector came to inspect our school cafeteria.	We studied different aspects of plant growth in science class.
우리는 어른들을 존중하고 그들의 조언을 들어야 해요.	보건 검사관이 우리 학교 식당을 검사하러 왔어요.	과학 수업에서 식물 성장의 다양한 측면을 공부했어요.

-sens-

sense N

sensitive A

sensation N

sens-(느끼다) + e(덧붙이는 글자) = 감각	sens-(느끼다) + itive(~의 성질) = 민감한	sens-(느끼다) + ation(상태) = 느낌, 돌풍
Dogs have a great sense of smell.	Some people have sensitive skin and need special lotion.	The new toy created a sensation among children.
개는 뛰어난 후각이 있어요.	어떤 사람들은 민감한 피부여서 특별한 로션이 필요해요.	새로운 장난감이 아이들 사이에서 돌풍을 일으켰어요.

specific Ⓐ

despise Ⓥ

conspicuous Ⓐ

spec-(종) + ific(~을 만드는) = 특정한, 구체적인	de(아래로) + -spise(보다) = 경멸하다	con(완전히) + -spic-(보이다) + uous(형용사 접미사) = 눈에 띄는
The teacher gave us **specific** instructions for the project.	We shouldn't **despise** others for being different.	The bright red hat was very **conspicuous** in the crowd.
선생님은 프로젝트에 구체적인 지시를 내렸어요.	우리는 다르다는 이유로 다른 사람을 경멸해서는 안 돼요.	밝은 빨간 모자는 군중 속에서 매우 눈에 띄었어요.

-pat(hy)-, -pass-

patient

pat-(병) + ient(~이 있는 사람)
= 환자

The doctor takes care of many patients every day.

의사 선생님은 매일 많은 환자를
돌보세요.

sympathy N

sym(함께) + -pathy(느끼는 기분) = 동정, 연민

We felt sympathy for the injured bird.

우리는 다친 새를 보고
연민을 느꼈어요.

passion

pass-(~를 느끼는) + ion(상태)
= 격정, 열정

She has a great passion for playing the piano.

그녀는 피아노 연주에
큰 열정이 있어요.

-view-, -vey-

preview

pre(미리) + -view(보다)
= 간단히 소개하다, 미리 보기

We got to **preview** the new movie
before its release.

우리는 개봉 전에 새 영화를
미리 볼 수 있었어요.

review Ⓥ

re(다시) + -view(보다)
= 복습하다, 검토하다

It's important to **review** your notes
before the exam.

시험 전에 노트를 복습하는 것이
중요해요.

survey Ⓥ Ⓝ

sur(위에서 전체적으로)
+ -vey(보다) = 조사하다, 조사

We did a **survey** to find out
everyone's favorite food.

우리는 모두의 좋아하는 음식을
알아내기 위해 조사했어요.

-hab-, -hibit-

June 15th

habit (N)

prohibit (V)

exhibit (V)

hab-(가지다) + it(~한 상태) = 습관	pro(앞에서) + -hibit(잡아 가지다) = 금지하다	ex(밖으로) + -hibit(드러내다) = 전시하다
Brushing your teeth twice a day is a good habit.	The school prohibits using phones during class.	The museum will exhibit dinosaur fossils next month.
하루에 두 번 이를 닦는 것은 좋은 습관이에요.	학교는 수업 중 전화기 사용을 금지해요.	박물관은 다음 달에 공룡 화석을 전시할 거예요.

-vise-

advise (v)

revise (v)

supervise (v)

---

ad(~에, ~쪽으로) + -vise(전체를 보다) = 조언하다

The teacher **advised** us to study hard for the test.

선생님은 시험을 위해 열심히 공부하라고 조언했어요.

---

re(다시) + -vise(전체를 보다) = 수정하다

I need to **revise** my essay before submitting it.

제출하기 전에 내 에세이를 수정해야 해요.

---

super(위에) + -vise(보다) = 감독하다

The teacher **supervises** the students during recess.

선생님은 쉬는 시간 동안 학생들을 감독해요.

-dem-

democracy (N)

dem-(사람) +
ocracy(통치) = 민주주의

In a democracy, people vote
to choose their leaders.

민주주의에서는 사람들이 투표로
지도자를 선택해요.

demographic (A)

dem-(사람) + graphic(기록)
= 인구통계학적인

The school collects demographic
information about students.

학교는 학생들에 대한 인구통계학적
정보를 수집해요.

epidemic (N)

epi(사이에) + -dem-(사람)
+ ic(~의 특성) = 유행병

Washing hands helps prevent
the spread of epidemics.

손 씻기는 유행병의 확산을 막는 데
도움이 돼요.

-ston-, -stound-, -stun-

astonish ⓥ

astound ⓥ

stun ⓥ

---

a(~로) + -ston-(기절하게) + ish(하다) = 놀라게 하다

The magician's tricks **astonished** the children.

마술사의 트릭은 아이들을 놀라게 했어요.

---

a(~로) + -stound(깜짝 놀람) = 경악하게 하다

The athlete's record-breaking jump **astounded** everyone.

선수의 기록 경신 점프는 모두를 경악하게 했어요.

---

stun(음) = 기절시키다, 깜짝 놀라게 하다

The officer used a stun gun to **stun** the thief.

경찰관은 도둑을 기절시키려고 전기 충격기를 사용했어요.

-popul-

popular A

population N

popularity N

popul-(많은 사람) + ar(~과 관련된) = 인기 있는	popul-(사람들이 가득한) + ation(상태) = 인구	popul-(많은 사람) + ar(~의 성질이 있는) + ity(상태) = 인기
This game is very popular among children these days.	The population of our city has grown a lot in recent years.	The popularity of K-pop music is increasing worldwide.
이 게임은 요즘 아이들 사이에서 매우 인기가 있어요.	우리 도시의 인구는 최근 몇 년 동안 많이 증가했어요.	K-pop 음악의 인기가 전 세계적으로 증가하고 있어요.

-phone-, -phony-

telephone

tele(멀리) + -phone(소리)
= 전화(기)

Please call me on my **telephone**
if you need any help.

도움이 필요하면 제 **전화**로
연락해 주세요.

microphone

micro(작은) + -phone(소리)
= 마이크

The singer adjusted the **microphone**
before starting to sing.

가수는 노래를 시작하기 전에
마이크를 조정했어요.

symphony

sym(함께) + -phony(소리)
= 교향곡

Beethoven's Fifth **symphony**
is very famous.

베토벤의 5번 **교향곡**은
매우 유명해요.

-publ-

public Ⓝ Ⓐ

publish Ⓥ

republic Ⓝ

publ-(사람들) + ic(~의) = 대중, 공공의	**publ-(사람들) + ish(~하게 하다) = 출판하다, 발행하다**	**re(다시) + public(대중의, 대중에 의해) = 공화국**
The new park is open to the public.	My teacher wants to publish a book for children.	Korea is a democratic republic.
새로운 공원이 대중에게 열렸어요.	우리 선생님은 어린이를 위한 책을 출판하고 싶어 하세요.	한국은 민주 공화국이에요.

-aud-

audience

audition N

auditorium N

**aud-(듣다) + ience(상태)
= 청중**

The **audience** clapped loudly
after the school play.

학교 연극이 끝난 후 청중은
크게 손뼉을 쳤어요.

**aud-(듣다) + ition(행위)
= 오디션**

Many students had an **audition**
for the school choir.

많은 학생이 학교 합창단
오디션을 봤어요.

**aud-(듣다) + it(~하다)
+ orium(장소) = 대강의실, 강당**

A large number of students
gathered at the **auditorium**

많은 학생이 강당에 모였어요.

June 19th

-cit-, -civic-

city

cit-(문명의, 도시의) + ty(상태)
= 도시

**Seoul is a big city with many
tall buildings.**

서울은 높은 건물이 많은
큰 도시예요.

citizen

cit-(도시의) + izen(사람)
= 시민

**As a good citizen, I always help
keep our neighborhood clean.**

좋은 시민으로서 나는 항상 우리 동네를
깨끗하게 하는 데 도움을 줘요.

civic duty

civic-(시민의) + duty(의무)
= 시민의 의무

**Voting in elections is
an important civic duty.**

선거에서 투표하는 것은 중요한
시민의 의무예요.

-fit-

fitness

outfit

---

fit-(~에 적합하다, 맞추다) + ness(상태) = 건강, 적합성	out(밖에) + -fit(맞추다) = 옷차림
Regular exercise improves your overall fitness.	**She chose a colorful outfit for the party.**
정기적인 운동은 전반적인 건강 상태를 개선해요.	그녀는 파티를 위해 화려한 옷차림을 골랐어요.

-soci-, -social-

society N

social media N

socialize

---

soci-(모임, 공동체) + ety(상태) = 사회	social-(사회의) + media(매체) = 소셜 미디어	social-(사회적인) + ize(~게 하다) = 어울리다, 사귀다
In our society, we should be kind to one another.	Many people use social media to stay connected with friends.	It's important to socialize and make new friends at school.
우리 사회에서는 서로에게 친절해야 해요.	많은 사람이 친구들과 연락하기 위해 소셜 미디어를 사용해요.	학교에서 어울리고 새 친구를 사귀는 것은 중요해요.

apt

aptitude N

adapt V

**apt(~하기 쉬운, 알맞은)
= 적절한**

Her comment was very **apt**
for the situation.

그녀의 말은 그 상황에 매우
적절했어요.

**apt-(알맞은) + itude(상태)
= 소질, 적성**

My brother has an **aptitude**
for playing the guitar.

내 동생은 기타 연주에
소질이 있어요.

**ad(~에) + -apt(알맞은)
= 적응하다**

Animals **adapt** to their
environment to survive.

동물들은 생존하기 위해
환경에 적응해요.

June 21st : -mun-, -mon-

community (N)

com(함께) + -mun-(의무) + ity(~를 지는 상태) = 공동체

Our school community works together to keep the playground clean.

우리 학교 공동체는 운동장을 깨끗하게 하기 위해 함께 노력해요.

communicate (V)

com(함께) + -mun-(나누다) + icate(~게 하다) = 의사소통하다

It's important to communicate clearly with your friends.

친구들과 명확하게 의사소통하는 것이 중요해요.

common (A)

com(함께) + -mon(나누다) = 공통의, 흔한

Rice is a common food in many Asian countries.

쌀은 많은 아시아 국가에서 흔한 음식이에요.

appropriate A

property N

**ap(~에) + -propri-(맞춰진)
+ ate(형용사 접미사) = 적절한**

It's **appropriate** to say "thank you"
when someone helps you.

누군가 도와줬을 때 "감사합니다"라고
말하는 것이 적절해요.

**proper-(가진) + ty(상태)
= 특성, 재산**

My grandparents own a small **property**
in the countryside.

우리 조부모님은 시골에
작은 재산이 있어요.

paternal

patriotic

patronize

pater-(아버지) +
nal(~의 특성) = 아버지의

patri-(조국) +
otic(~의 특성) = 애국적인

patron-(보호자, 후원자)
+ ize(~되다) = 후원하다

He looks just like his **paternal**
grandfather.

We sing the national anthem
to show we are **patriotic**.

Many people **patronize** local artists
by buying their paintings.

그는 아버지 쪽 할아버지를
꼭 닮았어요.

우리는 애국심을 보여 주기 위해
국가를 불러요.

많은 사람이 그림을 사서
지역 예술가들을 후원해요.

-quire-

acquire v

require v

inquire v

---

ac(~에서, ~쪽으로) + -quire (얻다) = 습득(획득)하다

You can **acquire** new skills by practicing every day.

매일 연습하면 새로운 기술을 습득할 수 있어요.

---

re(다시) + -quire(찾다, 구하다) = 필요로 하다, 요구하다

Plants **require** sunlight and water to grow.

식물은 자라기 위해 햇빛과 물을 필요로 해요.

---

in(안에서) + -quire(구하다) = 문의하다

If you're lost, you can **inquire** at the information desk.

길을 잃었다면 안내 데스크에 문의할 수 있어요.

-mater-, -matr(i)-

maternal Ⓐ

matrix Ⓝ

matriarch Ⓝ

**mater-(어머니) +
nal(~의 특성) = 어머니의**

The maternal instinct helps
mothers care for their babies.

모성 본능은 어머니들이 아기를
돌보는 데 도움을 줘요.

**matr-(어머니) + ix(~의 상태)
= 모체, 기반**

The school is like a matrix
for children's education.

학교는 아이들의 교육을 위한
모체와 같아요.

**matri-(어머니) + arch(지도자)
= 여족장**

The matriarch of the family
made all the important decisions.

가문의 여족장이 모든 중요한
결정을 내렸어요.

-quest-, -quis-

conquest  N

con(완전히) + -quest(찾다) = 정복

The story tells of the hero's **conquest** of the dragon.

이야기는 영웅이 용을 정복한 내용을 들려줘요.

request N V

re(다시) + -quest(구하다, 얻어 내다) = 요청, 요청하다

I made a **request** to borrow my friend's book.

나는 친구에게 책을 빌려 달라고 요청했어요.

exquisite A

ex(밖에서) + -quis-(구하다) + ite(형용사 접미사) = 정교한

The artist made an **exquisite** painting of the sunset.

화가는 일몰의 모습을 정교하게 그렸어요.

-man(u)-

manage (V)

**man-(손으로) + age(~하다)
= 관리하다**

The class president helps
manage classroom activities.

학급 회장은 교실 활동을
관리하는 것을 도와요.

manual (A N)

**manu-(손) + al(~과 관련된)
= 수동의, 설명서**

The toy came with a manual
on how to assemble it.

장난감에는 조립 방법을 설명하는
설명서가 함께 왔어요.

manuscript (N)

**manu-(손으로) + script(쓰다)
= 원고**

The author finished writing
the manuscript for her new book.

작가는 새 책의 원고 쓰기를
마쳤어요.

JULY

7

-ped-

pedal (N)

pedestrian (N)

pedicure (N)

ped-(발) + al(~과 관련된) = 페달	ped-(발) + estrian (~과 관련된 사람) = 보행자	ped-(발) + cure(돌보다) = 발톱 손질
You need to push the pedals to make the bicycle move.	The pedestrian is crossing the street safely.	Mom got a pedicure today.
자전거를 움직이려면 페달을 밟아야 해요.	보행자가 길을 안전하게 건너고 있어요.	엄마는 오늘 페디큐어를 받으셨어요.

-opt(im)-

option

adopt

optimize

**opt-(선택하다) + ion(행위)
= 선택**

For lunch, we have the option
of pizza or pasta.

점심으로 피자나 파스타에서
선택할 수 있어요.

**ad(~로) + -opt(선택하다)
= 입양하다**

My family decided to adopt
a puppy from the animal shelter.

우리 가족은 동물 보호소에서
강아지를 입양하기로 했어요.

**optim-(가장 좋은)
+ ize(상태)= 최적화하다**

To optimize your health, eat fruits
and vegetables every day.

건강을 최적화하려면 매일 과일과
채소를 먹어야 해요.

-dent-

dental Ⓐ

dentist Ⓝ

dent-(치아) + al(~와 관련된) = 치과의

Regular dental check-ups help keep your teeth healthy.

정기적인 치과 검진은 치아를 건강하게 하는 데 도움이 돼요.

dent-(치아) + ist(~하는 사람) = 치과 의사

The dentist taught us how to brush our teeth properly.

치과 의사 선생님이 올바른 양치 방법을 가르쳐 주셨어요.

courage (N)

encourage (V)

discourage (V)

cour-(심장, 마음) + age(~이 채워진 상태) = 용기	en(~안에) + -cour-(마음) + age(~이 채워진 것) = 격려하다	dis(떨어진) + -cour-(마음) + age(~것) = 막다, 낙담시키다
It takes courage to stand up for what is right.	Parents often encourage their children to try new things.	Don't let failure discourage you from trying again.
옳은 일을 위해 나서는 데는 용기가 필요해요.	부모님들은 아이들이 새로운 것을 시도하도록 자주 격려해요.	실패로 인해 다시 시도하는 것을 포기하지 마세요.

-derm-, -dermat-

dermal (A)

derm-(피부) + al(~와 관련된)
= 피부의

**Sunscreen provides dermal protection
from UV rays.**

자외선 차단제는 자외선에서 피부를
보호해 줘요.

dermatology (N)

dermat-(피부) + ology(학문)
= 피부 과학

**Dermatology is the study of skin
and its diseases.**

피부 과학은 피부와 그 질병을 연구하는
학문이에요.

-med-

medicine N

medical A

remedy N

---

med-(치료하다) + icine (~의 상태나 행위) = 약, 의학

Remember to take your medicine after meals.

식사 후에 약 먹는 것을 잊지 마세요.

---

med-(치료하다) + ical(~와 관련된) = 의학의, 의료의

She wants to pursue a career in the medical field.

그녀는 의료 분야에서 경력을 쌓고 싶어 해요.

---

re(다시) + -med-(치료하다) + y(~한 상태) = 치료법, 해결책

Drinking hot tea with honey is a common remedy for a sore throat.

꿀을 넣은 뜨거운 차를 마시는 것은 아픈 목에 흔한 치료법이에요.

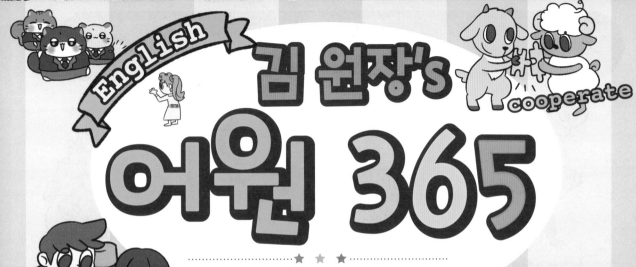

English 김 원장's 어원 365

김수민 글 | 김민주 그림

윌북 주니어

-bene-

benefit

bene-(좋게) + fit(만들다)
= 이익, 혜택

**Exercise has many benefits
for your health.**

운동은 건강에 많은 혜택을 줘요.

benevolent

bene-(좋은) + vol(의지)
+ ent(~의 특성) = 자비로운

**The benevolent king always
tried to help his people.**

자비로운 왕은 항상 백성들을
돕고자 노력했어요.

benefactor

bene-(좋은) + fact(행위)
+ or(~하는 사람) = 후원자

**The rich businessman became
a benefactor for the local school.**

부유한 사업가는 지역 학교의
후원자가 되었어요.